高等学校"十一五"精品规划教材

架空电力线路外线操作指导书

窦书星　主编
刘江伟　主审

U0238218

中国水利水电出版社
www.waterpub.com.cn

内 容 提 要

本书共三章：第一章介绍了架空电力线路的基本知识，包括电力线路的结构，常用杆塔种类和基础类型，涉及金具绝缘子种类以及架设时常用导地线型号。对杆塔的横担、导地线的连接方式、导地线施工过程以及弧垂观测和接地装置的安装都做了仔细的阐述。第二章从施工角度讲述了电力线路的施工工艺，包括线路施工前的运输、基础挖坑、杆塔组立方式，混凝土杆的蹬杆方法，起吊施工工具的常用绳扣和扣接方法，导地线的绑扎方法以及各种附件的安装过程，拉线制作和安装过程。第三章集中介绍了施工中常用工器具的应用方法以及在特殊情况下进行紧急救护的方法。

全书深入浅出，涉及架空电力线路外线施工中的各个环节，具有很强的现场操作性，对线路施工中的一些重点、难点进行了较为细致的阐述。

本书既可用作输电线路专业方面的教材，也可用作电力设计、施工部门的培训教材，同时也可作为输电线路外线施工爱好者的自学教材。

图书在版编目（CIP）数据

架空电力线路外线操作指导书/窦书星主编．—北京：中国水利水电出版社，2008（2023.6重印）

高等学校"十一五"精品规划教材

ISBN 978 - 7 - 5084 - 5845 - 8

Ⅰ．架…　Ⅱ．窦…　Ⅲ．架空线路：输电线路—高等学校—教材　Ⅳ．TM726.3

中国版本图书馆 CIP 数据核字（2008）第 123801 号

书　名	高等学校"十一五"精品规划教材 **架空电力线路外线操作指导书**
作　者	窦书星　主编　刘江伟　主审
出版发行	中国水利水电出版社 （北京市海淀区玉渊潭南路 1 号 D 座　100038） 网址：www.waterpub.com.cn E - mail：sales@mwr.gov.cn 电话：（010）68545888（营销中心）
经　售	北京科水图书销售有限公司 电话：（010）68545874、63202643 全国各地新华书店和相关出版物销售网点
排　版	中国水利水电出版社微机排版中心
印　刷	北京市密东印刷有限公司
规　格	184mm×260mm　16 开本　6.5 印张　154 千字
版　次	2008 年 9 月第 1 版　2023 年 6 月第 3 次印刷
印　数	5001—6000 册
定　价	**31.00** 元

凡购买我社图书，如有缺页、倒页、脱页的，本社营销中心负责调换

前　言

　　《架空电力线路外线操作指导书》一书为高等学校"十一五"精品规划教材。全书深入浅出，涉及架空电力线路外线施工中的各个环节，具有很强的现场操作性，对线路施工中的一些重点、难点进行了较为细致的阐述。本书既可用作输电线路专业方面的教材，也可用作电力设计、施工部门的培训教材，也可作为输电线路外线施工爱好者的自学教材。

　　本书结合教学研究和实践编制而成，以作者多年的教学讲义为基础，突出了在输电线路设计施工和运行维护中的应用方法和步骤。本书共分为三章：第一章介绍了架空电力线路的基本知识，包括电力线路的结构，常用杆塔种类和基础类型，涉及金具绝缘子种类以及架设时常用导地线型号。对杆塔的横担、导地线的连接方式、导地线施工过程以及弧垂观测和接地装置的安装都做了仔细的阐述。第二章从施工角度讲述了架空电力线路外线各施工技能，包括线路施工前的运输、基础挖坑、杆塔组立方式，混凝土杆的蹬杆方法，起吊施工工具的常用绳扣和扣接方法，导地线的绑扎方法以及各种附件的安装过程，拉线制作和安装过程。第三章集中介绍了施工中常用工器具的应用方法以及在特殊情况下的紧急救护方法。

　　由于作者水平所限，书中难免有谬误和不当之处，欢迎广大读者批评指正，不胜感激。e-mail：doushuxing@sina.com.cn

编　者

2008 年 7 月

目　　录

第一章 架空电力线路基本知识

第一节 概　述

架空电力线路是用混凝土杆将导线悬空架设，直接向用户传送电能的电力线路。架电力线路由混凝土杆、导线、横担、金具、绝缘子和拉线等组成。从发电厂发出的电要送到用户才能使用。而现代大型电厂受其自身燃料、供水、污染、安全等因素制约，往往建在远离用电集中城市、地区。因此，就要将发电厂发出的电力经过升压变电所把电压升高，再通过长距离、高电压、送电能力很大的线路送到城市、工矿区以及农村的用电负荷中心，称为输电线路。我国输电线路电压等级有 35kV、110kV、220kV、500kV 以及500kV 直流输电等。这些高电压的电力不能直接使用，也不适合送到一般的用电地点，还要经过降压变电所将电压降低后经过 10kV 或 35kV 的高压配电线路才能送到一般的用电地点。各用电点再装设配电变压器把电压降到 400V/230V，由低压配电线路把电力送到居民区、一般商电、农村、小型工厂使用，如图 1-1 所示。

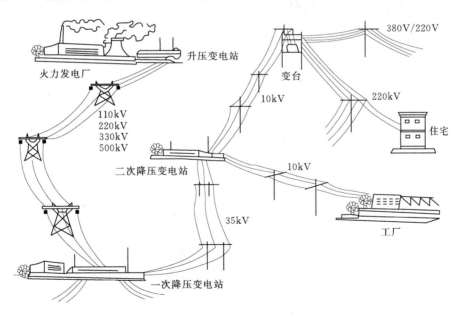

图 1-1　电力系统示意

输电线路和配电线路统称电力线路。电力线路有架空线路和电缆线路两种。架空电力线路和电缆线路相比，具有成本低、投资少、安装容易、维护、检修方便、易于发现和排

1

表 1-1   各级电压输、配电线路的送电能力和距离

线路电压（kV）	送电能力（MW）	送电距离（km）
.4	0.1 以下	0.6 以下
	0.1~1.2	4~15
0	0.2~2.0	6~20
5	2.0~10	20~50
0	10~40	50~100
10	10~80	50~150
20	100~500	100~300
30	200~700	200~500
00	300~1200	200~800

注 1MW＝1000kW。

除故障等优点。由于架空电力线路具有明显的优越性，所以国内外广泛地采用架空输电线路送电，而很少采用电力电缆送电。但是，由于架空电力线路直接暴露在大自然环境中，长期要承受雷电、风、雪、雨、大气污染等侵袭以及外力的破坏，发生事故的几率较电力电缆线路高。因此，线路的设计、施工、安装必须符合有关标准的要求，并在运行过程中加强维护巡视，提高电力线路的安全可靠程度，充分发挥架空电力线路的优越性。各电压等级输、配电线路的送电能力和距离大致如表 1-1 所示。

架空电力线路的造价低、架设简便、取材方便、便于检修，所以得到了广泛采用。目前，工厂、学校、建筑工地、机关单位以至由公用变压器供电的城市小区、乡镇居民点等的低压输配电线路大都采用架空电力线路。如图 1-2 所示。

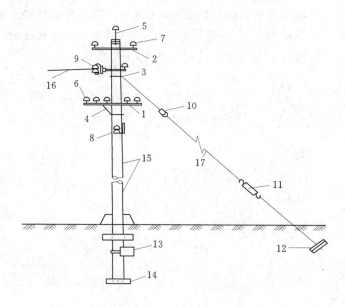

图 1-2 架空电力线路的混凝土杆安装

1—低压横担；2—高压横担；3—拉线抱箍；4—横担支撑；5—高压杆头；
6—低压针式绝缘子；7—高压针式绝缘子；8—低压蝶式绝缘子；
9—悬式蝶式绝缘子；10—拉紧绝缘子；11—花篮螺丝；
12—地锚（拉线盘）；13—卡盘；14—底盘；
15—混凝土杆；16—导线；17—拉线

第二节 架空电力线路结构

架空线路主要是由混凝土杆、导线、横担、拉线、绝缘子和金具等所组成。

一、导线的种类及选用

1. 导线的种类

常用的架空导线有钢芯铝绞线、铝绞线、铜绞线和钢绞线等，有时也采用绝缘导线。

(1) 钢芯铝绞线（LGJ）。钢芯铝绞线是用钢线和铝线绞合而成，其内部几股是钢线，外部几股是铝线。导线上所受的力主要由钢线承担，而导线中的电流绝大部分是从铝线中通过。

(2) 铝绞线（LJ）。铝绞线的机械强度比钢芯铝绞线小，一般用于 35kV 以下的架空线路上，混凝土杆间距不超过 100～150m。

(3) 铜绞线（TJ）。铜绞线的机械强度高，导电性能好，抗腐蚀性能强，但因铜较贵重，应节约使用。

(4) 钢绞线（GJ）。钢绞线的机械强度大，导电性能次于铜和铝，易氧化生锈，仅用于小于小功率架空线路中，常用作接地装置的地线。

2. 导线的选用

在选用架空线路的导线时，首先必须进行外观检查，检查导线是否有无松股、交叉、折叠、硬弯、断裂及破损等，然后再检查有无严重腐蚀现象。对钢绞线还要检查其表面镀锌是否完好，是否有断股现象。

二、混凝土杆的种类及选用

混凝土杆是架空线路重要组成部分，是架空导线的支柱。混凝土杆应具有足够的机械强度，造价要低、使用寿命要长。

1. 混凝土杆的种类

混凝土杆按其材质可分为木杆、金属杆和混凝土杆。

(1) 木杆。木杆的重量轻，施工方便、成本低；但易腐朽，使用年限短（约 5～15 年），而且木材又是重要的建筑材料，一般不宜采用。

(2) 金属杆（铁杆、铁塔）。金属杆较坚固，使用年限长；但消耗钢材多，易生锈腐蚀，造价和维护费用大。金属杆多用于 35kV 及以上的架空线路。

(3) 钢筋混凝土杆（混凝土杆）。混凝土杆经久耐用（约 40～500 年），造价较低；但因笨重，施工费用较高。为节约木材和钢材，混凝土杆是目前使用最广泛的一种。常用的杆型有方型和环型两种，一般架空线路采用环型杆。环型杆又分为锥型杆和等径杆两种。混凝土杆长度一般为 8m、10m、12m 和 15m 等数种。

2. 混凝土杆的结构型式

混凝土杆按其在线路中的作用和地位，可分为六种结构型式。

（1）直线杆（又称中间杆）。位于线路的直线段上，只承受导线的垂直荷重和侧向风力，不承受沿线方向的导线拉力。

（2）耐张杆（又称承力杆）。位于线路直线段上的数根直线杆之间，或位于有特殊要求的地方（如架空导线需要分段架设等处）。这种混凝土杆在断线事故和架线中紧线时，能承受一侧导线的拉力，所以耐张杆的强度比直线杆要大得多。

（3）转角杆。用于线路改变方向的地方，它的结构应根据转角的大小而定。转角杆可以是直线杆型的，也可以是耐张型的。例如，直线杆型，要在拉线不平衡的反方向一面装设拉线。

（4）终端杆。位于线路的始端与终端。在正常情况下，除受导线自重和风力外，还要承受单方向的不平衡拉力。

（5）跨越杆。用于铁道、河流、道路和电力线路等交叉跨越处的两侧。由于它比普通混凝土杆高、承受力较大，所以一般要增加人字拉线或十字拉线。

（6）分支杆。位于干线与分支线相连接处，在主干线路方向上有直线杆型和耐张杆型两种；在分支方向侧为耐张杆型，其能承受分支线路导线的全部拉力。

三、绝缘子的选用

绝缘子用来固定导线，并使导线对地绝缘。此外，绝缘子还要承受导线的垂直荷重和水平拉力，所以它应有良好的电气绝缘性能和足够的机械强度。低压架空线路常用的绝缘子有针式绝缘子、蝶式绝缘子和拉紧绝缘子。

（1）针式绝缘子分为高压和低压两种。高压针式绝缘子用于 3kV、6kV、10kV、35kV 上；低压针式绝缘子用于 1kV 以下的线路。针式绝缘子按针脚的长短分为长脚和短脚两种；长脚的用在木横担上；短脚的用在铁横担上。

（2）蝶式绝缘子分为高压和低压两种。高压蝶式绝缘子用于 3kV、6kV、10kV 线路上；低压蝶式绝缘子用于 1kV 以下线路中，一般组装在耐张杆上。

（3）拉紧绝缘子用于架空线路混凝土杆的拉线中。

四、线路金具

在敷设架空线路中，横担的组装、绝缘子的安装、导线的架设以及混凝土杆拉线的制作等都需要一些金属附件，这些金属附件统称线路金具。

1. 常用线路金具

线路金具主要用于架空电力线路可将绝缘子和导线悬挂或拉紧在杆塔上，或用于导线、地线的连接、防振及拉线的紧固于调整等。线路常用的金具大概有以下几种：

（1）针式绝缘子的直脚和弯脚。

（2）蝶式绝缘子的穿心螺钉。

（3）悬式绝缘子的挂环、挂板、线夹。

（4）横担固定在混凝土杆上用的 U 型抱箍。

（5）调节拉线松紧的花篮螺栓、拉线心形环。

（6）线路用的螺栓、垫铁、支撑、线夹、夹板、钳接管等。

2. 线路金具的选用

线路金具要和其他部件配套使用。线路金具在使用前均应进行外观检查，其内容和要求如下：

（1）表面应光洁，不应有裂缝、毛刺、飞边、沙眼、气泡等缺陷。

（2）线夹船底压板与导线接触面应光滑、平整。

（3）悬垂线夹以回转轴为中心，能自由转动 45°以上。

（4）镀锌层应完整无缺，遇有镀层剥落时，应先除锈，然后补刷防锈漆及油漆。

五、拉线的种类及选用

架空线路的混凝土杆在架线以后，会发生受力不平衡的现象，因此必须用拉线稳固混凝土杆。此外，当线路的埋设基础不牢固时，也常使用拉线来补强；当负荷超过混凝土杆的安全强度时，也常用拉线来减少其弯曲力矩。拉线按用途和结构可分为以下几种：

（1）普通拉线（又称尽头拉线）用于线路的耐张终端杆、转角杆和分支杆，主要的作用为拉力平衡。

（2）转角拉线用于转角杆，主要的作用为拉力平衡。

（3）人字拉线（又称两侧拉线）用于基础不牢固和交叉跨越加高杆或较长的耐张段（两根耐张杆之间）中间的直线杆上，主要作用是在狂风暴雨时保持混凝土杆平衡，以免倒杆、断杆。

（4）高桩拉线（又称水平拉线）用于跨越道路、渠道和交通要道处，高桩拉线应保持一定的高度，以免妨碍交通。

（5）自身拉线（又称弓形拉线）用于防止混凝土杆受力不平衡或防止混凝土杆弯曲，因地形限制不能安装普通拉线时，可采用自身拉线。

第三节　架空电力线路的杆塔种类

杆塔是导线的支持物，对杆塔的要求主要是要有足够的机械强度、经久耐用、造价低，便于运输和架设。现在使用的大多为混凝土杆、铁塔。

1. 混凝土杆（水泥杆）

水泥杆有结构简单、可用机械化大量生产、耗钢材少、耐腐蚀等优点，是目前应用最广泛的一种混凝土杆。从制造方式上可分为预应力混凝土杆和非预应力混凝土杆。从形状上可分为环形截面等径混凝土杆和环形锥形混凝土杆（俗称拔梢杆）。配电线路上通常都采用拔梢杆，杆长有 7m、8m、9m、10m、11m、12m、13m、15m 等。输电线路上常采用的拔梢杆有 18m、21m、24m 等，常用的等径混凝土杆，有不同的长度，可根据需要的高度在施工现场组装成整根混凝土杆。

2. 铁塔

铁塔是由角钢用螺栓连接或焊接、铆接而成，形状和种类很多。铁塔的缺点是结构比较复杂、建铁塔钢材耗用量大，而且还需要基础进行安装，建造价格高，施工安装难度大；优点是坚固耐用，使用期限长。通常用在大档距的输电线路上。

架空电力线路选择杆型，首先应满足电气条件的要求（如电压等级、单回线、双回线等），同时应使结构安全可靠、经济合理、制作和施工简便。

架空电力线路上的杆塔按其在线路中的作用和所处的位置不同分为直线杆、耐张杆（或称承力杆）、转角杆、分支杆、终端杆和特种杆等。

（1）直线杆。直线杆又称中间杆，用于线路的直线段，分布在两个耐张杆之间，是线路上数量最多的一种杆型，约占 80%。直线杆只承受垂直荷重（导线、绝缘子、金具和覆冰重量）和水平（侧向）风压，不能承受线路方向的拉力。配电线路直线塔一般选用单柱式，如图 1-3 所示。输电线路直线杆有单柱式、门型杆、A 字型双杆、铁塔，如图 1-4～图 1-12 所示。

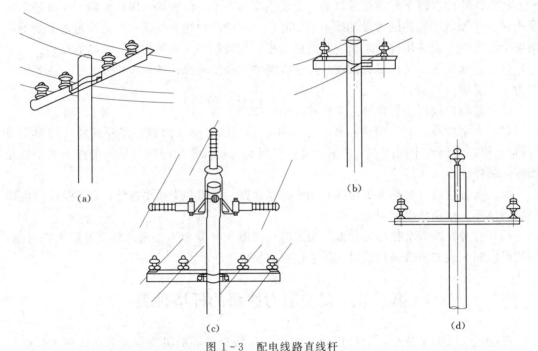

图 1-3　配电线路直线杆

（a）三相四线线路；（b）单相两线线路；（c）高低压同杆架设线路；（d）高压线路

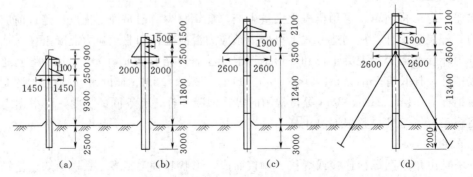

图 1-4　35～110kV 钢筋混凝土直线单杆（单位：mm）

（a）35kV 单杆；（b）66kV 单杆；（c）110kV 单杆；（d）带拉线单杆

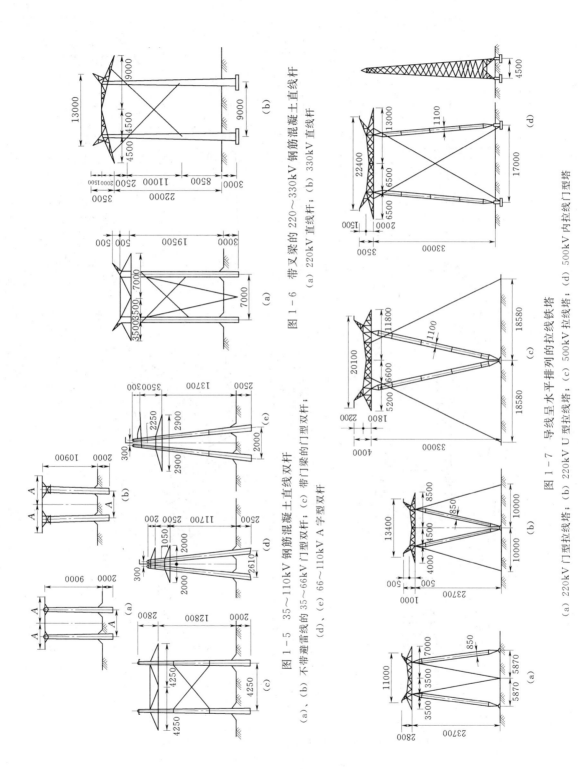

图 1-5 35～110kV 钢筋混凝土直线双杆

(a)、(b) 不带避雷线的 35～66kV 门型双杆；(c) 带门梁的门型双杆；

(d)、(e) 66～110kV A 字型双杆

图 1-6 带叉梁的 220～330kV 钢筋混凝土直线杆

(a) 220kV 直线杆；(b) 330kV 直线杆

图 1-7 导线呈水平排列的拉线铁塔

(a) 220kV 门型拉线塔；(b) 220kV U 型拉线塔；(c) 500kV 拉线塔；(d) 500kV 内拉线门型塔

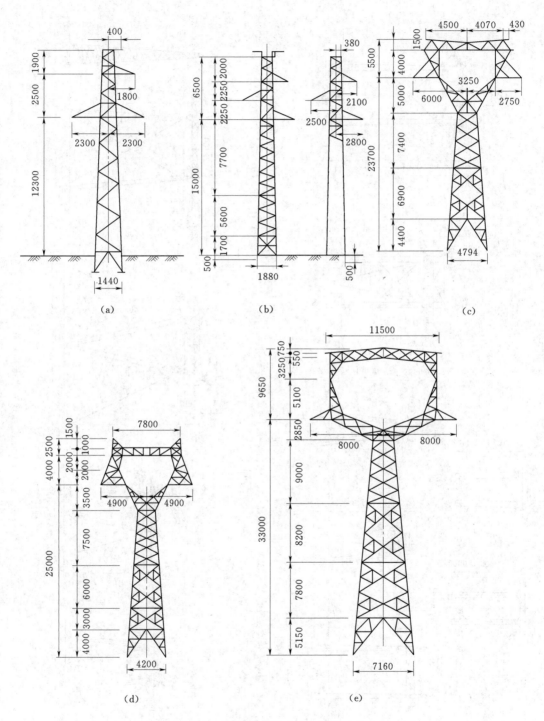

图 1-8　导线呈三角形排列的自立式铁塔（单位：mm）

(a) 上字型；(b) 鸟骨型；(c)、(d) 猫头型；(e) 500kV 猫头型

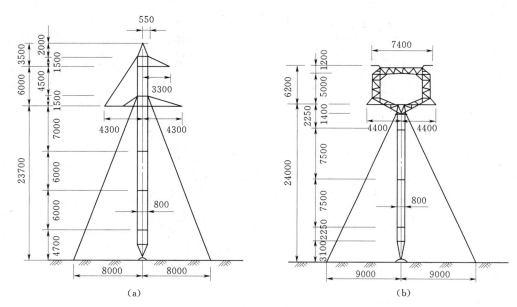

图 1-9　导线呈三角排列的拉线铁塔（单位：mm）

（a）220kV 上字型拉线塔；（b）220kV 猫头型拉线塔

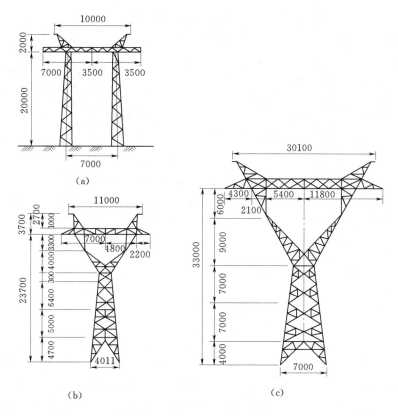

图 1-10　导线呈水平排列的自立式铁塔（单位：mm）

（a）门型；（b）220kV 酒杯型；（c）500kV 酒杯型

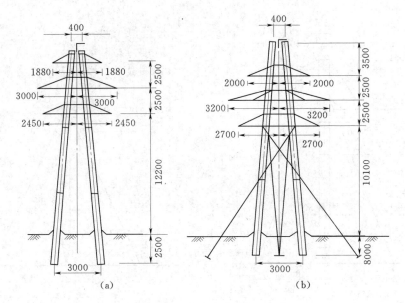

图 1-11 35～110kV 双回线路直线杆（单位：mm）

(a) 不带拉线的 A 字型双杆；(b) 带交叉拉线的 A 字型双杆

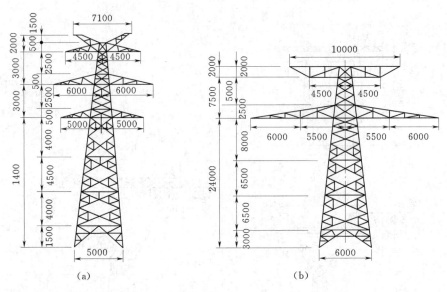

图 1-12 输电线路直线杆塔（单位：mm）

(a) 六角型；(b) 蝴蝶型

（2）耐张杆。耐张杆也叫承力杆或分段杆。它除承受自身重量和侧向风力之外，还要承受较大的事故载荷。因为，线路在运行中，会发生断线故障，使混凝土杆承受不平衡拉力。为防止故障扩大，以限制事故的范围。起着隔离事故的作用；另外，在施工安装导线的过程中，它要作为施工紧线的支柱，承受较大的安装荷载，两个耐张杆之间的距离，称为耐张段或耐张档距。配电线路的耐张杆一般选用单柱拉线式，在特殊情况下，如城市配电网不便加装拉线，可用铁塔，如图 1-13～图 1-15 所示。配电线路有单杆拉线（主要

10

用于 35kV 线路)、门型拉线杆、铁塔，如图 1-16 所示。

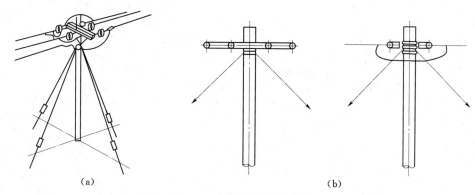

(a)　　　　　　　　　　　　　　(b)

图 1-13　配电线路耐张杆
(a) 高压耐张杆；(b) 低压耐张杆

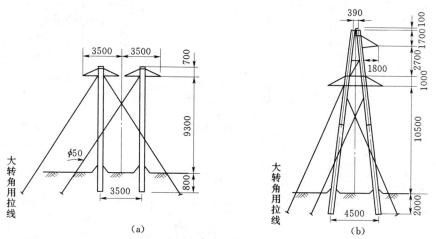

(a)　　　　　　　　　　(b)

图 1-14　35～110kV 单回路承力杆（单位：mm）
(a) 门型承力杆；(b) A 字型承力杆

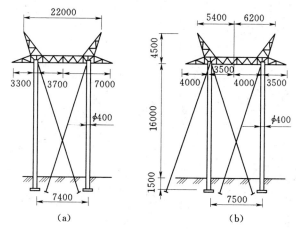

(a)　　　　　　　　　　(b)

图 1-15　220kV 单回路承力杆（单位：mm）
(a) 耐张杆；(b) 5°～30°转角杆

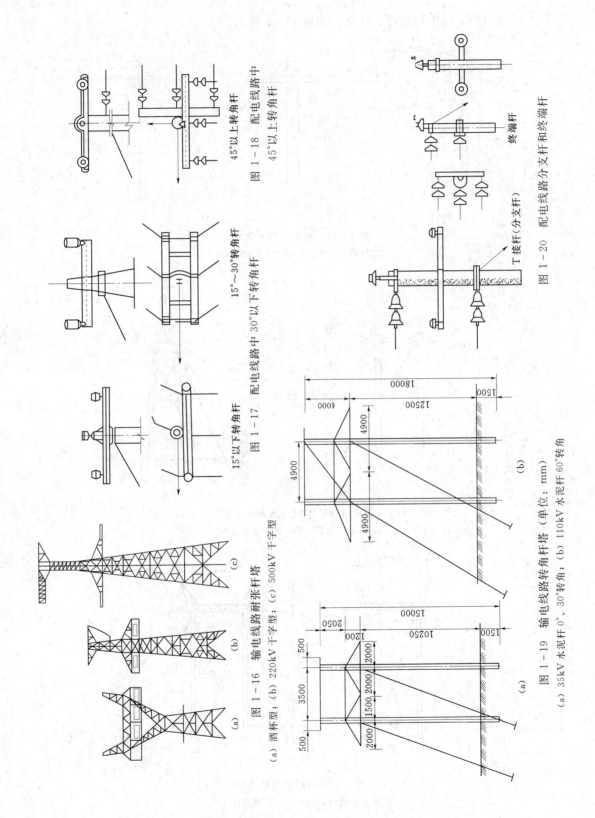

图 1-18 配电线路中 45°以上转角杆

45°以上转角杆

图 1-17 配电线路中 30°以下转角杆

15°~30°转角杆

15°以下转角杆

图 1-16 输电线路耐张杆塔

(a) 酒杯型；(b) 220kV 干字型；(c) 500kV 干字型

图 1-20 配电线路分支杆和终端杆

终端杆

T 接杆(分支杆)

图 1-19 输电线路转角杆塔（单位：mm）

(a) 35kV 水泥杆 0°、30°转角；(b) 110kV 水泥杆 60°转角

18000

12500

1500

4000

4900

4900

4900

(b)

15000

10250

1500

2050

1200

2000

1500

2000

2000

500

500

3500

(a)

12

（3）转角杆。转角杆用于线路改变方向的地方。虽然，架空电力线路所经过的路径都是尽量地取直线方向，但还是会由于某些因素（如地形条件和障碍物等）的影响，不可避免地会有改变方向的地方，在线路的转角处，混凝土杆两边所承受的导线拉力由于不在同一直线上，因而产生了不平衡拉力，为了承受不平衡拉力，就必须装设转角杆，线路转角的范围是 $0°\sim90°$，转角杆通常分为小转角 $30°$ 以下，中转角 $30°\sim60°$ 和大转角 $60°\sim90°$ 三种，也可称为 $30°$、$60°$、$90°$ 转角杆。在输电线路中转角在 $5°$ 以下采用耐张杆。小转角及中转角一般采用双杆，大转角可用三联杆等，在条件允许情况下可直接采用耐张铁塔。在配电线路中，当转角小于 $15°$ 时，通常用直线杆型并在合力的反方向侧加装一根拉线；转角在 $15°\sim30°$ 时可采用加强型直线杆（采用双横担双针式瓷瓶）并加装一根拉线；当转角在 $30°\sim45°$ 时，应采用耐张杆结构（用悬式瓷瓶）并装设两根与线路方向相反的拉线；转角为 $45°\sim90°$ 时，采用双层横担并装设两根于线路立向相反的拉线。如图 1-17～图 1-19 所示。

（4）终端杆。终端杆是装设在线路的终点（或起点）的耐张型混凝土杆，它承受线路最后一端张段（或第一个耐张段）导线的拉力。终端杆只有一侧导线，另一侧的导线很短，在输电线路中，是变电所与变电所、变电所与发电厂的联络线，采用铁塔或门型耐张杆，前面已有介绍。在配电线路中是作为接电下火线，终端杆要在下火线的一侧加装拉线来平衡导线的拉力。

（5）分支杆。分支杆也称 T 接杆，一般在配电线路中出现。从主线路的混凝土杆上引出分支线，分支线的一侧应装设拉线，用来平衡分支线路的拉力，如图 1-20 所示。

此外，在架空电力线路上还有一些特种杆塔，如跨越杆、换位杆等，这些特种杆都是用在输电线路上，换位杆有的就采用耐张杆塔，跨越杆塔如图 1-21 所示。现以一个配电电力线路图，如图 1-22 所示回顾前面所介绍的各种杆塔在电力线路中的应用。

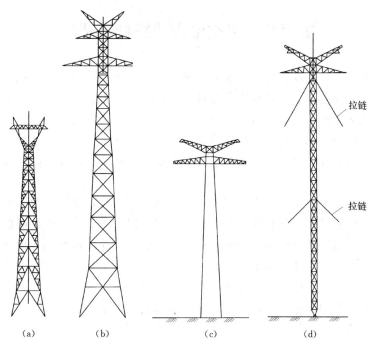

图 1-21　大跨距铁塔（单位：mm）

（a）组合构件自立塔；（b）钢管塔；（c）钢筋混凝土塔；（d）拉线塔

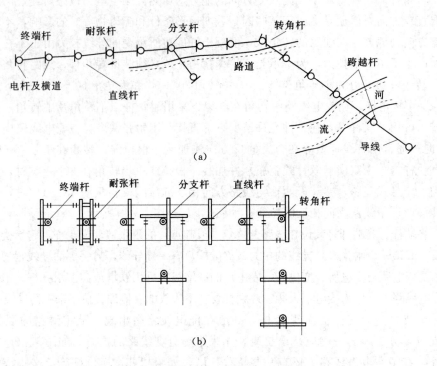

图 1-22　各种杆型在线路中的应用

（a）各杆型线路应用去向图；（b）各杆型线路应用俯视图

第四节　架空电力线路杆塔基础

　　基础应能承受杆塔的垂直荷重，水平荷重和事故荷重等，可以防止杆塔发生上拔、下压和倾覆的现象。垂直荷重包括杆塔本身重量、杆塔上的横担、绝缘子、金具及覆冰等重量；水平荷重包括风产生的横向压力、导线张力等；事故荷重是指线路断线时的拉力、扭力和弯矩等。基础的好坏还与土壤的性质有关。因此基础施工必须严格按设计部门提供的要求进行。架空输电线路的杆塔基础基本分为混凝土杆基础和铁塔基础两大类。

　　1. 混凝土杆基础

　　混凝土杆基础是把混凝土杆直接埋入地中，当混凝土杆承受较大的下压力时，如转角杆、耐张杆，一般在杆根底部装置钢筋混凝土底盘，以加大土壤的受压面积，减轻混凝土杆根底部的地基所承受的下压力。当外部荷载较大时，可在距地面 1/3 埋深处混凝土杆要加装卡盘，以适当减轻该处土壤单位面积所受到的侧向压力，抵抗倾覆力矩，如图 1-23 所示。卡盘是防止混凝土杆倾覆的有效措施，卡盘有上卡盘和下卡盘之分。当线路通过地质较差的地带时，为便于施工，减少混凝土杆基础的土方量，可采用灌注桩基础，待灌注桩达到一定强度后，于地面外将混凝土杆与基础连接，如图 1-24 所示。一般杆塔埋设深度，如表 1-2 所示。

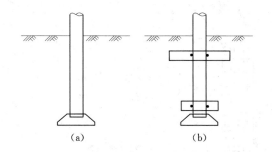

图 1-23　混凝土杆基础
（a）不加装卡盘基础；（b）加装卡盘基础

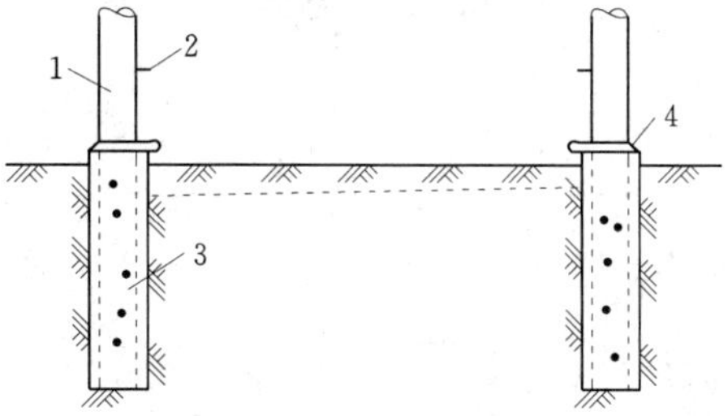

图 1-24　灌注桩基础及与混凝土杆的连接
1—混凝土杆；2—脚钉；3—灌注桩；4—连接钢板

表 1-2　　　　　　　　　　水泥混凝土杆埋深深度　　　　　　　　　单位：m

杆长	8	9	10	11	12	13	15
埋深	1.5	1.6	1.7	1.8	1.9	2.0	2.3

2. 铁塔基础

由于铁塔根开的大小不同，故铁塔基础的布置有两种型式，对于根开较宽的铁塔，每基铁塔采用四个独立的基础，每根铁塔主材安置在独立的基础上，当铁塔根开较窄时，一般采用一个整体基础，将整个铁塔的 4 根主材埋固在一个基础上，如图 1-25、图 1-26 所示。

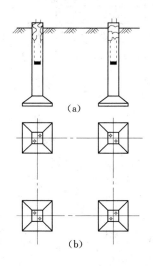

图 1-25　宽基铁塔基础
（a）基础下视图；（b）基础平面布置图

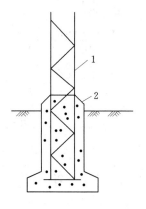

图 1-26　窄基铁塔基础
1—铁塔；2—基础

铁塔基础种类很多，一般大致有以下几种：

（1）大块混凝土基础：在现场浇制而成，形似台阶，多用于平原地带，基础稳定可靠。如图 1-27 所示。

（2）钢筋混凝土基础：这种基础体积小，如图1-28所示。

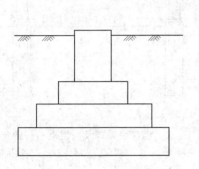

图1-27　大块混凝土基础

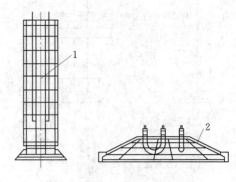

图1-28　钢筋混凝土基础
1—基础标身；2—基础底板

（3）岩石基础：将铁塔地脚螺栓直接插入岩石中，然后浇灌砂浆，将底角螺栓与岩石固结，这种基础结构简单、便于施工、省材料。如图1-29所示。

（4）桩基础：这种基础用于地质条件恶劣的地区或跨河地带，桩长可达20m左右，桩的直径为0.8～1.2m，桩与桩之间在地面用钢筋混凝土横梁互相连接，如图1-30所示。

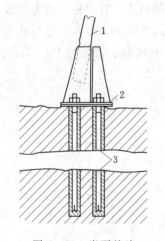

图1-29　岩石基础
1—铁塔；2—底脚板；3—地脚螺栓

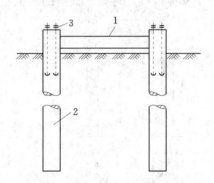

图1-30　桩基础
1—横梁；2—钢筋混凝土桩；3—地脚螺栓

第五节　架空电力线路金具种类

在架空电力线路中，将杆塔、导线、避雷线和绝缘子连接起来所用的金属零件统称为电力线路金具。按照金具的性能和用途大致分为线夹、连接金具、联结金具、保护金具和拉线金具。

电力线路金具在大自然中长期运行，除需要承受导线、避雷线和绝缘子等自身的荷载外，还需要承受其覆冰和风的荷载，因此，金具应有足够的机械强度。作为导线的金具还应具有良好的电气性能。对由黑色金属制成的金具还应采用热镀锌防腐处理。

金具已纳入国家定型产品，有专业化工厂生产供应。

一、线夹

线夹有悬垂线夹和耐张型线夹两种。悬垂线夹是将导线固定于绝缘子串上或将避雷线

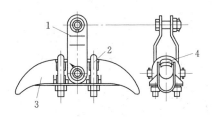

图 1-31 普通型号悬垂直夹
1—挂板；2—U 型螺丝；3—线夹本体；4—压板

悬挂在杆塔上，也可用于换位杆塔上支持换位导线以及耐张转角杆塔跳线的固定，导线或避雷线在线夹体槽内，用压板和 U 型螺丝固定压紧，在正常运行时，线夹应握住导线或避雷线不松动。悬垂线夹承受导线或避雷线垂直方向和顺线路方向的荷载。在超高压输电线路中（330kV 及以上）应采用防电晕型悬垂线夹、分裂导线悬垂线夹。如图 1-31～图 1-33 所示。

耐张线夹用在耐张、转角、终端杆塔的绝缘子串

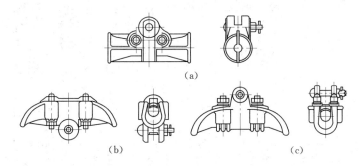

图 1-32　防电晕型悬垂线夹
（a）封闭式；（b）上扛式；（c）下垂式

上，固定导线或避雷线。类型上分有导线用耐张线夹和避雷线耐张线夹。

导线用耐张线夹对导线或避雷线的握力应大于计算拉断力的 90% 以上，当线路通过最大电流时导电体耐张线夹的温升应大于被安装导线的温升。螺栓型的耐张线夹用于导线截面 240mm² 及以下者，这种线夹施工安装比较简便，如图 1-34 所示。当导线截面较大（300mm² 及以上）且拉力很大时，螺栓型线夹的强度和握力不能满足要求，应采用压缩型耐张线夹，如图 1-35 所示。

避雷线用的线夹一般采用楔型线夹，如图 1-36 所示。当用作避雷线的钢绞线截面超过 70mm² 时，采用压缩型耐张线夹。

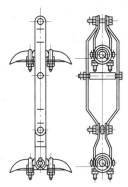

图 1-33　垂直二分裂
导线悬垂线夹

二、联结金具

联结金具主要用于绝缘子串于杆塔、线夹与绝缘子及避雷线线夹与杆塔之间的联结。有专用联结金具（如球头挂环、碗头挂板、平行挂板、直角挂板和直角挂环）和通用定型联结金具（如 U 型挂环、U 型挂板、直角挂板、平行挂板、延长环、二联板等）以及低

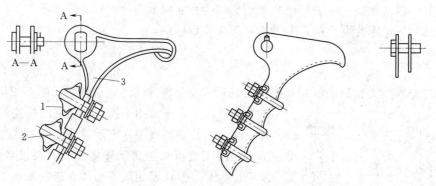

图 1-34　导线用螺栓型耐张线夹

1—压板；2—U 型螺丝；3—线夹本体

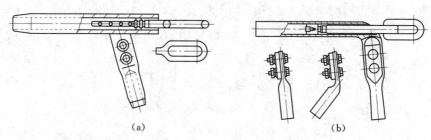

(a)　　　　　　　　　　　　　　　(b)

图 1-35　导线用压缩型耐张线夹

(a) 液压型；(b) 爆压型

(a)　　　　　　　　　　　　　　　(b)

图 1-36　避雷线（镀锌钢绞线）用耐张线夹

(a) 楔型；(b) 压缩型

压配电线路中常用的横担固定金具。如图 1-37、图 1-38 所示。

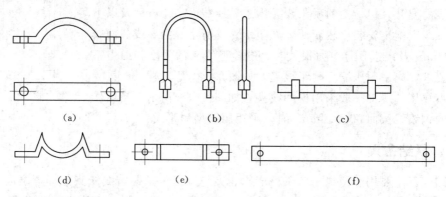

(a)　　　　　　(b)　　　　　　(c)

(d)　　　　　　(e)　　　　　　(f)

图 1-37　横担固定金具

(a) 半圆夹板；(b) U 型抱箍；(c) 穿心螺栓；(d) M 型抱箍；(e) 扁铁垫块；(f) 支撑

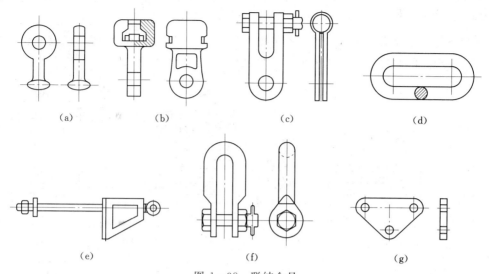

图 1-38　联结金具

（a）球头挂环；（b）碗头挂板；（c）直角挂板；（d）延长环；

（e）避雷线支架；（f）U型挂板；（g）联板

三、连接金具

连接金具用于导线与导线、避雷线与避雷线之间连接及修补等，如图 1-39 所示。

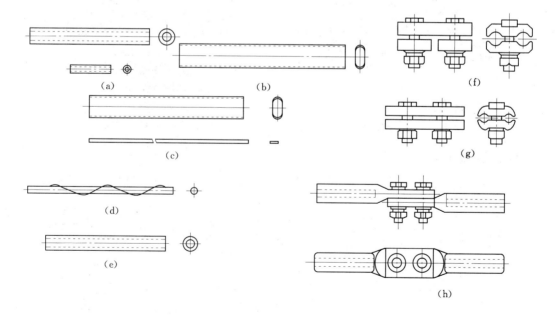

图 1-39　连接金具

（a）钢芯铝绞线用压接管；（b）铝绞线或钢芯铝绞线用钳压管；（c）钢芯铝绞线用爆压搭接管；

（d）预绞式补修条（用于钢芯铝绞线）；（e）铝绞线用压接管；（f）钢芯铝绞线用并沟线夹；

（g）钢绞线用并沟线夹；（h）跳线连接管

四、保护金具

保护金具主要要有导线和避雷线用的防振锤、铝包带、预绞丝护线条以及分裂导线之间保持一定距离的间隔棒、均压屏蔽环。如图1-40～图1-43所示。

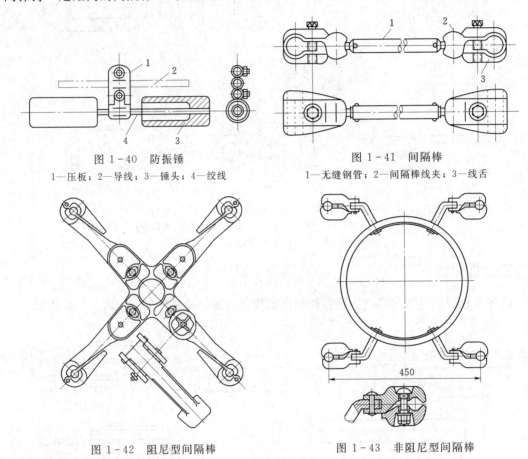

图1-40　防振锤

1—压板；2—导线；3—锤头；4—绞线

图1-41　间隔棒

1—无缝钢管；2—间隔棒线夹；3—线舌

图1-42　阻尼型间隔棒

图1-43　非阻尼型间隔棒

五、拉线金具

拉线金具用于拉线的紧固、调整和连接，拉线采用镀锌钢绞线。如图1-44所示。

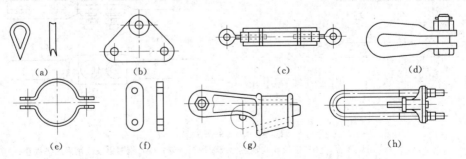

图1-44　拉线金具

（a）心形环；（b）双拉线联板；（c）花篮螺栓；（d）U型线挂环；

（e）拉线抱箍；（f）双眼板；（g）楔型线夹；（h）可调式VT线夹

20

通过图1-45～图1-49进一步认识以上所介绍的金具在电力线路中的应用。

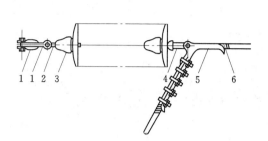

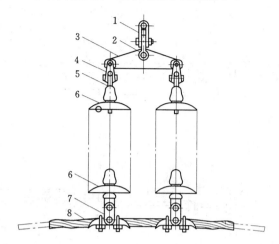

图1-45 单联耐张或转角绝缘子串组装

1—V型挂环；2—球头挂环；3—悬式绝缘子；
4—碗头挂板；5—耐张线夹；6—铝包带

图1-46 双联悬垂绝缘子串组装

1、4—挂板；2—直角挂板；3—联板；5—球头挂环；
6—悬式绝缘子；7—悬垂线夹；8—预绞丝

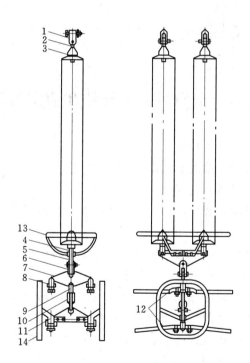

图1-47 四分裂导线用双联下垂式悬垂绝缘子串组装

1—挂板；2—球头挂环；3—悬式绝缘子；4—碗头挂板；5—二联板；6—直角挂板；
7、11—联板；8—悬垂线夹；9—U型挂环；10—直角挂板；
12—铝包带（1×10）；13—均压屏蔽环；14—均压屏蔽环

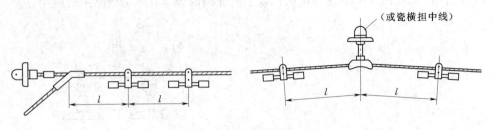

图 1-48　防振锤安装

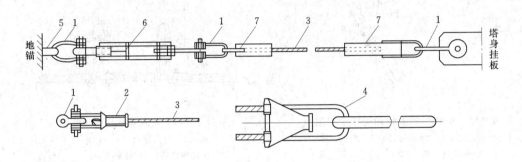

图 1-49　拉线

1—U 型环；2—楔型线夹；3—钢绞线；4—UT 型线夹；

5—拉线棒；6—花篮螺栓；7—压接管

第六节　架空线路的导线和避雷线种类

架空线路的导线应具备以下特性：

（1）导电率高，以减少线路的电能损耗和电压降。

（2）耐热性能高，以提高输送容量。

（3）机械强度高，弹性系数大，有一定的柔软性，容易弯曲，便于加工制造。

（4）具有良好的耐振性能。

（5）耐腐蚀性强，能够适应自然环境条件和一定的污秽环境，使用寿命长。

（6）重量轻、性能稳定、耐磨、价格低廉。

目前广泛使用铝绞线和钢芯铝绞线作为架空电力线路的导线。架空地线采用机械强度较高的镀锌钢绞线。使用最多的钢芯铝绞线是用机械强度高的钢线作为芯线以承受拉力，外面再绕几层导电性能好的铝线合并绞制而成，一般钢、铝的截面比为 1：6。

作为国家标准生产的导线型号和名称为：

（1）LJ：铝绞线。

（2）LGJ：钢芯铝绞线。

（3）LGJQ：轻型钢芯铝绞线。

（4）LGJJ：加强型钢芯铝绞线。

（5）GJ：镀锌钢绞线。

铝绞线用于高低压配电线路上；钢芯铝绞线普遍用于输电线路上。

在输电线路中，有特殊要求的地方可采用一些没有列入国家标准，但可以生产的导线。如铝包钢绞线，用于输电线路跨越河流、山谷等档距特别长的线段。如防腐钢芯铝绞线，用于沿海及有腐蚀的环境中。

架空电力线路在杆塔上的排列有单回路和多回路。单回路就是在一个杆塔上只有一条线路，多回路就是在一个杆塔上同时有两条以上的线路，单回路的输电线路三相导线有上字型、三角型或水平排列；低压配电线路一般用水平排列。多回路的输电线路有伞型、倒伞型、三角水平混合、六角型等排列；高压配电线路可用三角水平混合或垂直排列等各种排列方式，如图1-50所示。

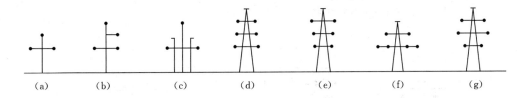

图1-50　导线在杆塔上的各种排列方式

（a）三角型；（b）上字型；（c）水平型；（d）伞型；

（e）倒伞型；（f）干字型；（g）六角型

为了减少架空输电线路的导线遭受雷击，在导线上方要架设避雷线。避雷线挂在杆塔顶部，一般采用镀锌钢绞线。在一般情况下，110kV及以上的输电线路沿全线要架设避雷线，35kV线路不沿全线架设避雷线，只在个别重要的地段如进变电所的1～2km才架设，220kV输电线路经过山区或多雷区以及同杆塔多回路线要全架设双根避雷线。

配电线路不设避雷线。高压配电线路一般用瓷横担或高一个电压等级的绝缘子等办法减少雷害，低压配电线应将线路引入用户的混凝土杆上的绝缘子铁脚接地。

第七节　架空电力线路的横担和绝缘子的种类

架空电力线路绝缘子的作用是使导线和杆塔绝缘。绝缘子不但要承受导线的正常电压以及过电压，更重要的是要承受机械力以及气温变化和周围环境影响，所以电力线路中用的绝缘子要有良好的绝缘性能和机械强度，绝缘子一般由外表有釉层的瓷件及金属配件组成，也有以钢化玻璃代替瓷件的。

在输电、配电线路中常用的绝缘子有：

1. 针式绝缘子

针式绝缘子主要用于高、低压的配电线路。

用在6kV到35kV直线杆塔上，在0.4kV低压配电线路中，采用低压针式、蝴蝶式绝缘子等，如图1-51～图1-56所示。

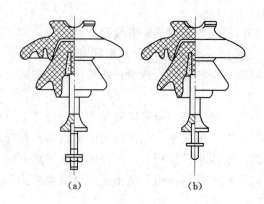

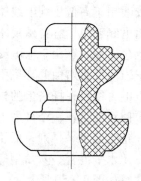

图 1-51　针式绝缘子

图 1-52　蝴蝶式绝缘子

（a）长铁脚；（b）短铁脚

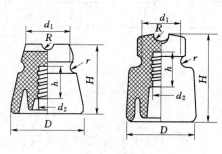

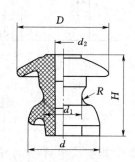

图 1-53　低压针式绝缘子

图 1-54　低压蝶式绝缘子

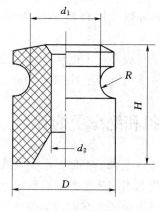

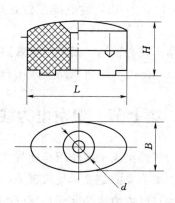

图 1-55　鼓形绝缘子

图 1-56　瓷夹板

2. 悬式绝缘子

悬式绝缘子的磁盘（或钢化玻璃盘）表面有 5°～10° 的倾角，以便排除雨水，背面有 3～4 道裙状波纹，以增加绝缘子表面距离，并防止下表面被雨水溅湿；悬式绝缘子有铸钢帽及连接杆与磁盘用水泥胶合剂黏合在一起，连接有球型和槽型两种，是输电线路最常用的绝缘子。一般几个乃至几十个悬式绝缘子串，用在 10kV 线路耐张杆和 35kV 及以上的线路。当电力线路通过特别污秽地区时，可选用防污型绝缘子，其特点是泄漏距离长、防污性能好。在海拔 1000m 以下的地区，不同的电压等级的输电线路上的悬式绝缘子数目如表 1-3 所示。

表 1-3 不同电压等级输电线的悬式绝缘子数目

线路电压（kV）	35	60	110	220	330
绝缘子数目（个）	3	5	7	13	19

耐张杆塔的绝缘子数目要比直线杆塔多一片，杆塔高度超过 40m 时，每增高 10m 就增加一片绝缘子，如图 1-57～图 1-59 所示。

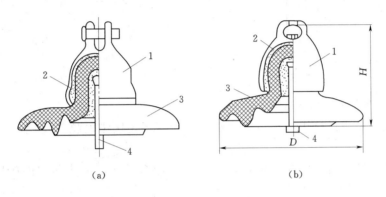

(a) (b)

图 1-57 悬式绝缘子
(a) 槽型；(b) 球型
1—铸钢帽；2—水泥胶合剂；3—瓷质部分；4—销钉连接杆

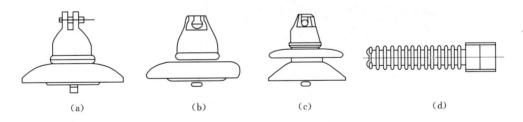

(a) (b) (c) (d)

图 1-58 各类绝缘子
(a) 槽型悬式；(b) 球型悬式；(c) 防污型；(d) 瓷横担

3. 瓷横担

瓷横担为近年来广泛使用于 10kV 及 35kV 的新型绝缘子，110kV 线路也有采用，如图 1-58 所示。瓷横担的优点是电气性能较好、运行可靠、结构简单，安装维护均方便，又可节约钢材，降低线路造价；其缺点是机械强度低，使整个瓷横担长度受限制，从而影响了它的使用范围。常用的绝缘子型号如下：

（1）P——针式。

（2）X——悬式。

（3）XW——防污悬式。

（4）S——瓷横担。

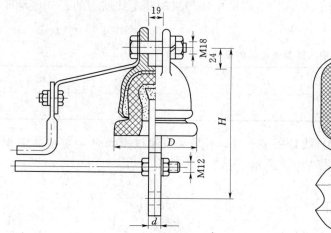

图 1-59 地线用悬式绝缘子

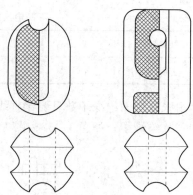

图 1-60 拉线绝缘子

4. 架空电力线路用拉线绝缘子

拉线绝缘子是增强拉线与导线的绝缘，一般在居民区中的拉线使用它，如图 1-60 所示。

通过图 1-61～图 1-63 所示，进一步认识绝缘子在电力线路中的应用。

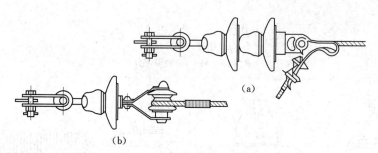

图 1-61 导线在终端杆上的固定
（a）盘式瓷瓶固定；（b）蝴蝶瓷瓶固定

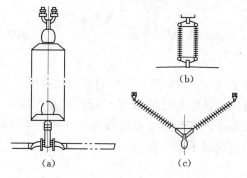

图 1-62 悬式绝缘子串的组成
（a）单串；（b）双串；（c）V 型

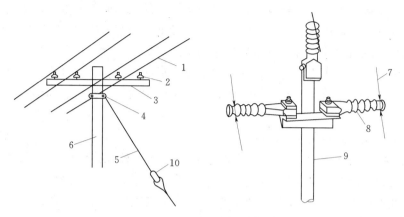

图 1-63　配电线路绝缘子的应用

1—导线；2—低压针式绝缘子；3—横担；4—拉线抱箍；5—拉线；
6、9—混凝土杆；7—导线；8—瓷横担；10—拉线绝缘子

第八节　导地线的连接方法

线路长度总是大于导线制造长度，转角、耐长杆引流线等都需要导线连接。送电线路导线连接方法有液压、钳压、爆压三种方法。

一、导线或地线连接的一般要求

（1）不同金属、不同规格、不同绞制方向的导线或地线严禁在同一个耐张段内连接。

（2）当导线或地线采用液压或爆压连接时，操作人员必须由经过培训并考试合格的技术工人担任。操作完成并自检合格后应在连接管上打上操作人员的钢印，以负技术责任。

（3）导线或地线必须使用现行的电力金具配套接续管及耐张线夹进行连接。连接后握着强度在架线施工前应进行试件试验。试件不得少于三组（允许接续管与耐张线夹合为一组试件）。其试验握着强度对液压及爆压都不得小于导线或地线保证计算拉断力的 95％。如有一根试件握着强度未达到要求，应查明原因并改进后再做加倍试件试验，直到全部合格。

对小截面导线采用螺栓式耐张线夹及钳接管连接时，其试件应分别制作。螺栓式耐张线夹的握着强度不得小于导线保证计算拉断力的 90％。钳接管直接连接的握着强度不得小于导线保证计算拉断力的 95％。地线的连接强度应与导线相对应。

当采用液压施工时，工期相邻的不同工程，当采用同厂家、同批量的导线、地线、接续管、耐张线夹及钢模完全没有变化时，可以免做重复性试验。

（4）切割导线铝股时严禁伤及钢芯。导线及地线的连接部分不得有线股绞制不良、断股、缺股等缺陷。连接后管口附近不得有明显的松股现象。

（5）连接前必须将导线或地线上连接部分的表面、连接管内壁以及穿管时连接管可能接触到的导线表面用汽油清洗干净。地线无油污时可只用棉纱擦拭干净。钢芯有防腐剂或其他附加物的导线，当采用爆压连接时，必须散股，然后用汽油将防腐剂及其他附加物洗净并擦干。

（6）采用钳接或液压连接导线时，导线连接部分外层铝股在清洗后应薄薄地涂上一层导电脂，并用细钢丝刷刷净表面氧化膜，应保留导电脂进行连接。

导电脂必须具备中性、接触电阻低且流动温度不低于150℃，并具有一定黏度。

（7）采用液压或爆压连接时，在施压或引爆前后必须复查连接管在导线或地线上的位置，保证管端与导线或地线上在压前的印记与定位印记重合，在压后与检查印记距离符合规定。

（8）接续管及耐张线夹压后应检查其外观质量，并符合下列规定：①使用精度不低于0.1mm的游标尺测量压后尺寸，其允许偏差必须符合各种压接的质量标准；②飞边毛刺及表面未超过允许的损伤应挫平并用砂纸磨光；③爆压管爆后出现裂缝或穿孔必须割断重接；④弯曲度不得大于2%，有明显弯曲时应校直。校直后的连接管严禁有裂纹，达不到规定时应割断重接；⑤压后锌皮脱落时应涂防锈漆。

（9）在一个档距内每根导线或地线上只允许有一个接续管和三个补修管，当张力放线时不应超过两个补修管，并应满足下列规定：①各类管或耐张线夹间距离不应小于15m；②接续管或补修管与悬垂线夹的距离不应小于5m；③接续管或补修管与间隔棒的距离不宜小于0.5m；④宜减少因损伤而增加的接续管。

二、钳压连接

钳压是传统可靠的压接方法，在改进钳压机械后对中小截面导线压接仍有明显优点。钳压连接的主要原理是利用机压钳的杠杆或液压顶升的方法，将力传给钳压钢模，把被连接导线端头和钳压管一起压成间隔状凹槽，借助管壁和导线局部变形，获得摩阻力，从而达到导线接续的目的。

钳压连接的工具材料有钳压器、钢模、钢丝刷、细铁钎，精度不低于0.1mm的游标卡尺、长短钢尺、硬木锤、硬木板、红铅笔、汽油、纱头、电力脂等。

钳压器按使用动力的不同，分为机械传动和液压顶升两种。图1-64为SDQ型机压钳，使用时，操纵手柄6带动丝杠4，使拉力变为压力，推动加力块，从而达到钳压的

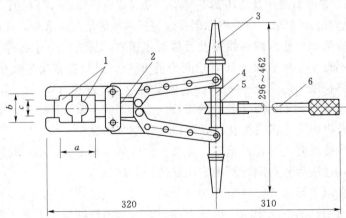

图 1-64 SDQ 型机压钳
1—钳模；2—加力块；3—丝杠保护罩；4—丝杠；5—棘轮；6—手柄

28

目的。

液压式钳接器由压接模和手摇手柄两部分组成。使用时摇动手柄，使压力上升，推动钢模，以达到钳压目的，液压式钳压器如图1-65所示。

钳压用钢模，分为上模和下模，钳压钢模形状如图1-66所示，其规格数据如表1-4所示。

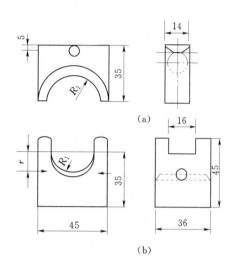

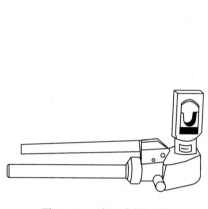

图 1-65　液压式钳压器

图 1-66　钳压钢模（单位：mm）

（a）上模；（b）下模

表 1-4　　　　　　　　　　　钳压钢模规格及数据表

钢模型号	适用导线型号	主要尺寸（mm）			钢模型号	适用导线型号	主要尺寸（mm）		
		R_1	R_2	C			R_1	R_2	C
QML—25	LJ—25	6.00	6.8	4.2	QMLG—35	LGJ—35	7.35	8.5	7.0
QML—35	LJ—35	6.65	7.5	5.0	QMLG—50	LGJ—50	8.30	9.5	9.0
QML—50	LJ—50	7.45	8.2	6.3	QMLG—70	LGJ—70	9.00	10.5	12.5
QML—10	LJ—70	8.25	9.0	8.5	QMLG—95	LGJ—95	11.00	12.0	15.0
QML—95	LJ—95	9.15	10.0	11.0	QMLG—120	LGJ—120	12.45	13.5	17.5
QML—120	LJ—120	10.25	11.0	13.0	QMLG—150	LGJ—150	13.45	14.5	19.5
QML—150	LJ—150	11.25	12.0	17.0	QMLG—185	LGJ—185	14.75	15.5	21.5
QML—185	LJ—185	12.25	13.0	18.5	QMLG—240	LGJ—240	16.50	17.5	23.5

三、液压连接

鉴于爆炸压接的炸药、雷管保管运输困难，甲方对爆压质量存在疑虑，而与电动、机动高压油泵配套的液压钳，效率高，接头质量稳定，所以在中、粗导线，钢绞线接续和耐张线夹及补修管连接中普遍采用液压连接技术。液压施工现已制定 SDJ 226《架空送电线路导线及地线液压施工工艺规程》，应严格按此规程试行。

液压所需材料和钳压基本相同，但钳压机改为液压机，钢模改为正六边形。液压机由

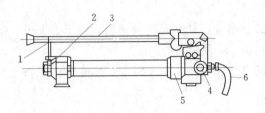

图 1-67 手动油泵
1—挂钩；2—油标尺；3—操纵杆；4—放油螺杆；
5—泵体；6—高压力软管

超高压油泵装和压接机总成两部分组成。工作时，两部分用超高压胶管连接起来。液压机按压力 2000kN 选用，以使液压机出力有较大的储备，但过于笨重，一般用 500kN 和 1000kN 的导线压接机和手动油泵，其外形如图 1-67 和图 1-68 所示。超高压油泵装置可分为手动型、汽油机型和电动机型，供不同现场条件选用。对 LGJ—35～240 的导线可采用 CY—25 型导线压接机，如图 1-69 所示。

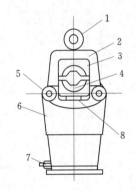

图 1-68　CY—$\frac{50}{100}$ 导线压接机

1—提环；2—轭铁；3—上钢模；

4、5—轭铁销钉；6—机身；

7—油管接头；8—活塞杆

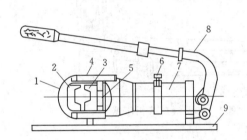

图 1-69　CY—25 导线压接机

1—后座；2—后压钢模；3—前压钢模；

4—倒环；5—活塞杆；6—放油螺杆；

7—机身；8—操纵杆；9—底板

四、爆炸压接

爆炸压接是炸药爆炸反应刚刚完成瞬间，所释放的巨大能量，给压接管表面数万大气压强，数十微秒内全管长压接完成。它是我国独创的压接方法，从 1965 年问世至今，几经改进，情况良好。其适用范围和液压连接的相同，既可用于中、小导线直线搭接，也可用于粗导线圆管压接。爆炸压接的施工和质量检查，必须按照现行的 SDJ 277—1990《架空电力线路爆炸压接施工工艺规程》的规定。

1. 爆压的特殊要求

（1）试件的试验。试件除了进行握着强度试验外，还应进行解剖检查，钢芯不得有损伤。

（2）爆压管爆压后的外观检查。除按前述一般要求外，还应遵守下列规定：

1）凡爆压管上的两层炸药包部分发生残爆应割断重接；凡爆压管上的单层药包发生残爆时，允许补爆，但补爆范围应稍大于残爆范围，且对补爆部分的铝管表面应予以保护，防止烧伤。

2）铝管表面烧伤可用砂皮磨光，但烧伤面积和深度达到下列情况之一时，应判断重接：①烧伤总面积超过10％的；②烧伤深度。标称截面为300mm及以上钢芯铝绞线的层压管，其深度超过1mm的总面积超过5％的；标称截面为35～240mm钢芯铝绞线的椭圆形爆压管，其深度超过0.5mm的总面积超过5％的。

3）耐张管的跳线连板，爆压后有下列情况之一时，应割断重接：①变形而无法修复的；②连接面烧伤的；③非连接面烧伤深度超过1mm的总面积超过5％的；④根部有裂纹的。

（3）爆压后发现大截面导线接头未穿到规定位置，或钢芯管中心偏离铝管中心，从而引起任何一端上标志与钢管端头间偏差超过4mm的；地线对接管内线头未穿到规定位置，或两线头接触与偏离钢管中从而引起任何一端线上标志与钢管端头间偏差超过4mm的均应割断重接。

（4）中小截面导线的椭圆形搭接管，爆压后如雷管对面短径方向出现的鼓肚尺寸超过表1-5的容许值应割断重接。

表 1-5　　　　　　　　　　容 许 鼓 肚 尺 寸　　　　　　　　　　单位：mm

导线型号	LGJ—35	LGJ—50	LGJ—70	LGJ—95	LGJ—120	LGJ—150	LGJ—185	LGJ—240
短径鼓肚容许值	2.5	3.0	3.5	4.0	4.5	5.0	5.5	6.0

测量方法可按图1-70用游标足先在1点量得短径尺寸A，再在2、3、4点各处量得短径尺寸，求出三尺寸的平均值B，A、B之差即为鼓肚总尺寸。

（5）SDJ 277—1990《爆炸压接施工工艺规程》推荐的爆后缩径数值及判断方法，作为质量标准是合理的，简单易行，施工时可查阅。

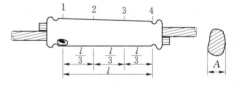

图 1-70　鼓肚部分和测量示意图
1～4—测点间的距离；A—短径尺寸

2. 炸药

爆炸压接法所使用炸药应为太乳炸药（塑B炸药）或导爆索两种。

（1）太乳炸药。太乳炸药是以未纯化太安、半硫化乳胶和红丹粉混合烘制成的片状炸药。使用时用刀割成所需尺寸，但不准用剪刀剪。其中太安占75％，它是主爆剂，它决定太乳炸药爆炸性能。半硫化乳胶占20％是黏结剂，主要起分散、固定及粘接主爆剂作用，同时对太乳炸药爆炸性能有一定影响。红丹粉占5％，在太乳炸药中起调节作用，在加工过程中还能指示各部分是否混合均匀。

（2）导爆索。导爆索是以猛炸药（黑索金或太安）为索芯，以棉麻纤维等为外覆材料。能够传递爆轰波的索状起爆器材。但在架空线路爆炸压接中则是作为炸药应用的。普通导爆索和导火索结构相似，只是药芯装的药，导爆索芯药是白色的黑索金，导火索芯药是黑火药。导爆索外防潮层涂成红色，而导火索外层是白色的涂料。导爆索使用时应用锐利刀子在木板上切去索端防潮帽和中间连接管，然后按需要切成不同长度的索段。切索时应随时清除粘在木板上或刀子上药粉和碎屑。严禁用剪刀或其他工具操作。

两种材料均可用纸壳 8 号工业雷管起爆，一级用火雷管。

第九节　导地线的架设

线路的架设是架空电力线路施工的目的所在，导地线的架设必须细致，要严格地按照质量标准进行，来不得半点马虎。线路架设过程可分为准备工作、放线、紧线、连接和附件安装等过程。

一、放线前的准备工作

放线准备工作主要包括消除线路走廊内树木、房屋和电力线路或通信线路的交叉跨越处理；平整放置待放线轴和放线架的放线场，紧线作业场；搭设跨越铁路、公路、通信线及电力线路的越线架；编制施工技术手册与技术交底；挂放好悬垂绝缘子串和放线滑车等工作，其主要工作内容如下。

（一）布线

布线是将导线和避雷线的线盘，每隔一定的距离沿线路放置，以便放线顺利进行。各盘线的长度是不同的，导线和避雷线接头位置要符合验收规范要求。常常用图表来计算各盘线的放置位置，如图 1-71 所示。

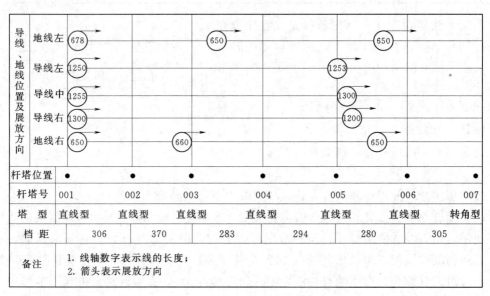

图 1-71　线轴布置图

线盘布置时要考虑以下几点：

（1）线轴应集中放在各放线段耐张杆塔处，并尽量将长度相等的线轴放在一起，便于集中压接、巡线及维护。

（2）布线裕度：一般平地及丘陵地段取 1.5%；一般山地取 2%；高山深谷取 3%。

（3）跨越档导线接头应避开 35kV 以上电力线路，铁路，一级、二级公路，特殊管道、索道和通航河道。

（4）不同规格、不同捻向的导线（避雷线），不得在同一耐张段内连接。

（5）合理选择线盘位置，交通方便、地形平坦、场地宽广，便于使用运输机械和施工机械。

（6）耐张段长度和线长应相互协调，避免切断导线造成导线浪费或接头过多。

（二）搭设越线架

1. 越线架类型

按越线架使用材料不同，可分为木杆越线架、竹竿越线架、钢管越线架和其他特制越线架等。

按结构型式的不同，越线架可分为跨越低压配电支线、一般通信线和乡道的单侧平面结构越线架；跨越低压动力线、主干通信线和公路的双侧平面结构越线架；跨越铁路、主要公路、高压电力线路和重要通信线的双侧立体结构越线架以及用于带电跨越高电压线路的柱式钢结构越线架，它们的形式如图 1-72～图 1-74 所示。

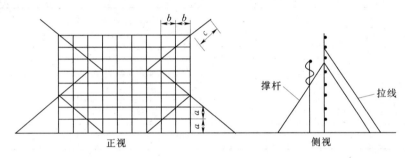

图 1-72　单侧平面结构越线架

柱式钢结构越线架由架体、架体提升架、动力源和保护部分四部分组成，如图 1-75 所示。

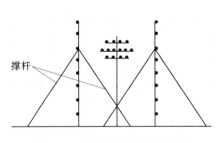

图 1-73　双侧平面结构越线架

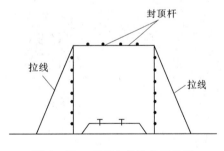

图 1-74　双侧立体结构越线架

架体是组合式钢结构架。共有 6 基，每基由塔头、塔根和可接长的 9 个标准节组成。架体提升架在组立架体时可以采用液压顶升或机械倒提两种方法接入标准节，接高架体。动力源即柴油机为动力采用集装块液压回路的液压泵站。架体用装有玻璃钢绝缘拉杆的钢丝绳拉线稳固。架体顶端横担上、三组架体之间和顺线路方向架体侧面，均用绝缘绳网覆盖，以防放、紧线时导线滑脱坠下与带电线路接触。

2. 越线架的搭设

（1）越线架几何尺寸。越线架与被跨越物之间水平距离及垂直距离应满足表 1-6 和

表 1-7 要求。越线架的长度可按下式计算，即

$$L=(D+3)/\sin\alpha$$

式中　L——越线架长度，m；

　　　D——施工线路两边线之间距离，m；

　　　α——施工线路和被跨越物的交叉角，(°)。

表 1-6　　　　　　　　越线架与被跨越物最小安全距离表　　　　　　单位：m

被 跨 越 物	铁 路	公 路	通信线或低压线
距架面水平距离	至路中心：3.0	至路边：0.6	0.6
距架顶（封顶杆）垂直距离	至轨顶：7.0	至路面：7.0	1.5

表 1-7　　　　　　　　越线架对电力线路的最小安全距离　　　　　　单位：m

项　　　目	被跨电力线路电压等级 (kV)				
	10 以下	35	66～110	154～220	330
架面与导线的水平距离	1.5	1.5	2.0	2.5	3.5
无地线时顶杆与导线垂直距离	2.0	2.0	2.5	3.0	4.0
有地线时顶杆与地线垂直距离	1.0	1.0	1.5	2.0	2.5

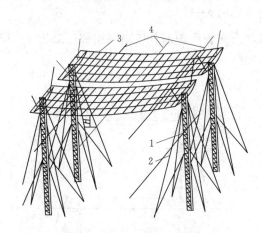

图 1-75　柱式钢结构越线架（图中仅画两相）
1—钢柱；2—拉线；3—尼龙网；4—被跨电力线路

跨越铁路、重要公路等，在搭设包线架之前，应先与有关单位联系，并邀请被跨物所属单位在搭设、拆除越线架和施工过程中，并派人员监督检查。

（2）带电搭设越线架。用干的杉木杆和竹竿在不停电的情况下搭设越线架只适用跨 10kV 线路且必须在晴朗天气中施工，其尺寸和停电搭设时相同，两侧竖杆埋深应不小于 1.5m，绑好横杆之后，应在外侧打好拉线，以防带电搭设越线架向内侧倾倒。这时应视为带电作业，要特别注意安全。

跨越 35kV 以上高压输电线路的柱式钢结构越线架、带电搭设时先在跨越线路两侧用小型人字抱杆整体起立"头三节"（塔头＋标准节＋塔根）；利用已起立的"头三节"作抱杆，分别从两侧将分解成两片的提升架吊起组装好，再用提升架逐步接入标准节加高架体到需要的高度。

带电搭设越线架，应请被跨电力线主管单位派人员监督检查，被跨线路应停止使用自动重合闸。

（三）跨越带电高压线，高空展放导、地线

跨越 35kV 以上线路，特别是在不能停电情况下搭设跨越架是困难的，可以采用高空渡线方法，如图 1-76 和图 1-77 所示。它是在跨越档两侧杆塔或辅助杆上，张挂承力绝缘绳，在承力绝缘绳上挂有"眼镜滑车"。用引绳将地线穿过滑车，沿承力绳展放，并紧挂于两倒杆塔上同时收回滑车。然后用架空地线作承力绳，每隔 20m 挂一列由"眼镜滑车"、垂直固定绳和放导线的三轮滑车组成的滑车组，用绝缘绳在导线放线滑车中牵引导线展放，展放结束后立即紧线、挂线，收回滑车组，再进行另一根导线展放。

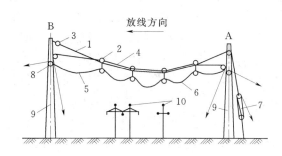

图 1-76　绝缘承力绳上展放地线
1—承力绝缘绳；2—眼镜滑车；3—拉力表；4—滑车引绳；
5—牵引绳；6—地线；7—滑车组；8—放线滑车；
9—跨越杆塔；10—被跨电力线路

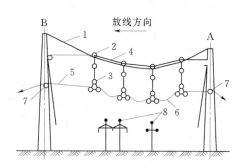

图 1-77　利用已架地线展放导线
1—架空地线；2—眼镜滑车；3—三轮滑车；
4—滑车引绳；5—牵引绳；6—导线；
7—放线滑车；8—被跨电力线

不停电跨越架线是工艺十分细致，责任十分重大的施工项目，这种方法和使用的材料还在不断引进、研究和完善之中。

（四）绝缘子串组装

绝缘子安装前应逐个将表面清擦干净，并进行外观检查。对瓷绝缘子应采用不低于 5000V 的兆欧表逐个进行绝缘测定，在干燥情况下绝缘电阻小于 500MΩ 的绝缘子不得安装使用。玻璃绝缘子因绝缘电阻为零值时，玻璃会自爆，巡线人员很容易发现，所以不必逐个摇测。安装绝缘子时应检查碗头、球头与弹簧销子之间的间隙。在安装好弹簧销子情况下球头不得自碗头中脱出。验收前应清除瓷（玻璃）表面的泥垢。

金具的镀锌层有局部碰损、剥落或缺锌，应除锈后补刷防锈漆。

绝缘子串组装是复杂而细致工作，应按图纸进行，组装时禁止用挫力挫，用重锤击，以防金具镀锌层被破坏。

绝缘子串、导线及避雷线上各种金具上的螺栓、穿钉及弹簧销子除有固定的穿向外，其余穿向应统一并应符合下列规定：悬垂串上弹簧销子一律向受电侧穿入；螺栓及穿钉凡能顺线路方向穿入者一律宜向受电侧穿入，横线路方向一般情况两边线由内向外穿入；中线由左向右穿入；耐张串上弹簧销子、螺栓一律由上向下穿，特殊情况由内向外，由左向右；分裂导线上穿钉、螺栓一律由线束外侧向内穿；当穿入方向与当地运行单位要求不一致时，可按当地运行单位要求，但应在开工前明确规定。金具上所用闭口销的直径必须与孔径配合，且弹力适度。

（五）挂悬垂绝缘子串及放线滑车

放线滑车又称放线葫芦，按滑轮材质不同，分为钢轮、铝合金轮和挂胶滑轮。钢轮滑车用于展放钢绞线；铝合金轮滑车用于展放钢芯铝绞线；张力放线专用滑车，中间轮需通过导引绳和牵引绳应为钢质滑轮；通过导线的则为挂胶滑轮。放线滑车按轮数可分为单轮、双轮、五轮等，其外形如图1-78所示。滑车应妥善保管，不得掉碰，使用前应先检查，并确保其灵活。

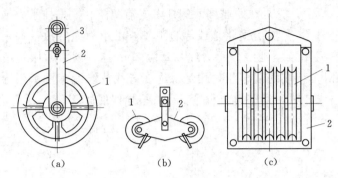

图1-78　放线滑轮
（a）单轮；（b）双轮；（c）五轮
1—滚轮；2—滚轮支架；3—吊架

放线滑车不同于起重用滑轮，转动部分是滚球轴承，放线时要高速转动的，滑车的轮槽应能保证压接管通过，轮径不小于线径的15倍。通过导线的轮槽应符合国家现行标准DL/T 685《放线滑轮直径与槽形》的规定。

直线或兼角直线杆塔的放线滑车，一般都和悬垂绝缘子串同时悬挂。悬垂绝缘子串上的均压环，应在附件安装时再安装。地线或较低电压线路的悬垂串及放线滑车均较轻，可在组立杆塔时挂好，也可在放线前派出专人悬挂。对220kV以上线路，由于悬垂绝缘串及放线滑车都较重，应将起吊绳穿过起重滑车牵引悬挂。放线滑车与绝缘子串的连接应可靠，以防止在放线中掉下滑车，放线滑车中应穿好引绳以备引导线和地线。

对于严重上扬、垂直档距甚大及需要过接头的放线滑车应进行验算，必要时应采用特制的结构。

二、放线操作

1. 放线方法

放线一般采用地面拖线放线、张力放线和以线放线等方法。目前，在220kV以下线路基本上采用地面拖线放线法，沿地面施放和展放，大多采用人力或畜力作为牵引力，然后由人蹬杆将导线提升，挂入放线滑轮。今后也将逐步使用张力放线法。

张力放线是为适应我国超高压输电线路建设的需要而发展和完善起来的一种新的放线施工工艺。张力放线要采用专用的牵、张机械，使被放架空线保持一定的张力，悬空展放。张力放线磨损率低，保证了被放导线质量，速度快、劳动效率高，500kV架空线路施工由张力放线为核心建立和发展了一整套新架线施工方法。

张力放线一般用在110kV和220kV施工中，考虑一些特殊的情况也局部采用，这些情况如下：

（1）放线时需要经过山谷和河流。

（2）为了减少对农作物的损失。

（3）带电更换输电线路的避雷线。

（4）更换输电线路重要交叉跨越及大跨越的导、地线，以保证被交跨线路或设施的正常运行。

以线放线利用钢丝绳进行线引线的方法，目前用得较多，能适用大档距、粗导线、放线工作量较大的中型工程中，其牵引动力一般采用绞磨（或称卷扬机）进行。立式放线架的结构，如图1-79所示。

放线一般以一个耐张段为一个放线区，依据耐张长度与线盘导线长度。排好各线盘的放置地点，考虑到地形与弧垂的影响因素，一般布线裕度应比耐张长度增加5%左右，布线时还应考虑到导线接头的位置应远离耐张线夹和悬垂线夹，最好位于弧垂的最低点，重要跨越档内不准有接头。

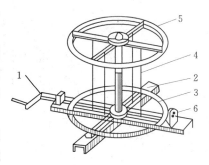

图1-79 立式放线架
1—制动手柄；2—底座；3—底盘；
4—撑芯；5—上压盘；6—支撑轮

采用行走机械（或畜力、人力）牵引放线时，应先将牵引绳套（或换具）、卡具（蛇皮具、卡线器）与被放架空线相连接，然后又牵放。

放线中要有专人在前面领路，对准方向，并注意经常瞭望信号、控制放线速度。放线到一杆塔时应超越该杆塔适当距离，然后停止牵引，将线头拉回，与放线沿车引绳相连，使架空线穿过滑车后继续牵放，架空线过越线架和过杆塔一样，用引线牵越。

采用固定机械牵放时，应先用人力放线的方法展放牵引绳，并使其依次通过放线滑车。将引绳与架空线连接（要使用通过式无线型）后，再用机械卷回牵引绳拖动架空线展放。

固定机械牵放所用牵引绳应为无捻钢绳，使用普通钢绳时牵引绳与架空线之间应加防捻器。

以线放线应注意事项：

（1）放线盘必须有专人看管，随时控制放线速度和线轴（盘）旋转速度，特别是当线轴（盘）上只剩下最后5～10圈时需采取措施避免导线从线轴上突然拉掉。同时检查放出的架空线质量。

（2）放线过程中每基杆塔上均应设人守护，监视放线情况，发现架空线（或牵引绳）有掉槽、压接管被卡、滑车转动不灵活等时应立即发出停止牵引信号，并及时消除故障。

（3）观察架空线与树茬、石块及其他障碍物接触有可能磨伤电线时，应及时加垫。

（4）对固定牵引放线，放线轴与牵引机之间指挥信号一定要准确、畅通。

地面拖线放线法，一般利用人力或牲畜沿线路直接施放导线和避雷线。一般拖线负重，平地上每人按30kg考虑，山地上每人按20kg考虑。在地形条件好的地区，可以采用拖拉机牵引放线。

2. 线轴的架设

导线、地线均是绕在线轴上，在展放导线、地线时应架设好线轴，线轴转动应灵活，轴应水平、制动可靠而牢固。线轴很重，所以要制成高度可调节的放线架，或在放线场地面，挖一个带斜坡的地槽，如图1-80所示。

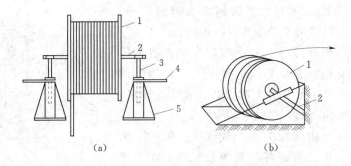

图 1-80 线盘的放置

(a) 可调节放线架；(b) 地槽形状示意图

1—线盘；2—滚杠；3—螺旋升降杆；4—操作手柄；5—支架

线轴的架设位置，要距牵引方向的第一基杆塔适当距离，避免线轴出线角过大；线轴的架设方向要对准放线走向；出线端应在线轴上方引出。导线、地线展放之前，先将导线、地线从线轴展放在附近地面成"面条"形，顺线路方向摆设，称为"回线"。"回线"长度在 30～50m 之间，层次分明，这样能适应开始拖线时速度很快的情况。

3. 人力地面拖线

(1) 专人监护认真检查。放线时在越线架处、杆塔下、回线处每隔三基塔下高差大的杆塔处、河边等均应设专人监护。发现导线在硬物上摩擦等情况，可垫木棍、草垫等，如有断股、金钩、磨伤等损伤不能及时处理时，应在导线上作出显著标记，如缠绕红布条等，以便以后进行处理。放线过程中对展放的导线、地线应认真进行外观检查。对于制造厂在线上设有的损伤及断头标志的地方，应查明情况，并妥善处理。

(2) 人员安排。拉线人员要分开，人与人之间距离以导线不拖地为宜。牵引线头应由技工担任，不可走偏，线间不要相互交叉，经常眺望后方信号。控制拖线速度，拖不动不能硬拖。

(3) 牵线过塔。牵引导线、地线到一杆塔时，应超过杆塔位置两倍的塔高以上距离，停止牵引，将线头拖回杆塔处，用滑车上引绳吊上并拉过放线滑车，再继续向前牵引拖线。

(4) 卡线处理。放线过程中，如线被卡住了，监护人员应在线弯外侧用大绳或撬棍处理，不能用手推拉，否则当回线突然松动时，监护人员会有危险。

(5) 放线顺序。因为，紧线顺序是先地线后导线、先上导线后下地线，所以放线顺序是先导线后地线、先下导线上地线，特别注意导线、地线展放后不得相互交叉。

(6) 转盘放剩线。当线轴上导线或避雷线放到只剩 5～10 圈时，暂停放线，由线盘人员转动线轴，将余线放完。

三、紧线

紧线工序包括两项内容：紧线和挂线。它在两个耐张段之间进行，即一基耐张塔上挂线，另一至耐张塔上进行紧线、挂线操作。

1. 紧线前的准备工作

(1) 应有专人检查一遍导线有无损伤，已发现的损伤部分是否均已处理完毕。

（2）两端耐张塔的补偿拉线或挂线时拉线（由挂线方式而定）是否已完全调整好。

（3）前端耐张杆塔上待紧的相应架空线是否已挂好。

（4）牵引设备（包括人力）是否准备就绪。

（5）观测驰度负责人员是否已到达指定杆塔部位。

（6）负责紧线和挂线操作人员及紧线工具是否已完全准备就绪。

（7）指挥信号是否畅通。

2. 紧线方法

紧线方法按一次紧线多少来分，有单线法、双线法和三线法。

（1）单线法。它是紧线施工最常用的紧线方式，适用于较大截面导线的施工。它具有施工中钢绳布置清楚、紧线设备少、使用人力少等优点，但也有工程进程慢，三相之间弧度调整到完全一样不容易等缺点。紧线顺序是先地线后导线、先中间后两边。

（2）双线紧线法。它适用于两根架空线同紧、两根架空地线同紧、双分裂线同紧。

（3）三线紧线法。一般线路的三相导线同紧、三分裂导线的同紧等都采用此种紧线方法，有工程进度快的优点。但使用工具多、准备工作量大、所需人员也多。

3. 紧线挂线法

按紧线挂线的方法可分为直接紧线挂线法、杆上划印法、地面划印法。

（1）直接紧线挂线法。这种方法是当紧线时达到导线或地线弧垂时，直接在耐张杆塔上夹线并挂线，一般用于35kV以下小截面线路的施工中。

（2）杆塔上划印法。它是将导线或地线收紧至规定弧垂时即停止牵引，然后检查一下耐张杆塔结构偏移是否在允许范围内，如正常则在导线或地线上划印、然后将该线挂在横担上，再逐步进行其他两根线的紧线划印和挂线工作。但是不准以第一根的划印来代替其他两根线的划印工作。这种方法可以避免划印后，松线过远所造成的压接困难。

（3）地面划印法。这是当紧线时，弧垂达到规定值时划好印，然后将线松下来，在地面上轧好耐张线夹，然后再收紧导线，将线挂在横担上。这种方法需要二次收紧导地线，并且还应考虑由于悬挂点的降低而使线长变化的因素。

4. 紧线操作步骤

（1）先在一耐张杆塔端（称为锚线端）将耐张线夹组装于导线端头，将耐张绝缘子串装起来，并和耐张线夹相连，将耐张串挂于锚塔挂线位置。若为螺栓式耐张线夹，在组装时其导线端要留出一定长度，称为引流长度。

（2）在紧线端，先用人力或机械抽回余线，当导线脱离地面约2～3m时，即可开始在耐张操作杆前约30m处套上卡线器与紧线设备相连，由牵引设备牵引钢绳紧线。

（3）当架空线收紧将近驰度（悬垂）要求值时，应立即减慢牵引速度，待前方通知已达到要求驰度或张力值时（以驰度为准）立即停止牵引，约0.5～1min无变化时，方可在操作杆塔上进行划印。若为复导线（分裂导线）或紧线段连续上下山地段，为了保证各子导线间的驰度平衡以及进行上下山驰度调整，紧线段内各直线杆塔亦必须在驰度观测之后立即进行逐基同时划印。

（4）划印后将线松回地面，即可进行耐张串组装。

（5）再次紧线、并挂线。

驰度（有的称弧垂、悬垂）观测是紧线的重要依据，是紧线施工中的一道工序。导地线架设在杆塔上应当具有符合设计要求的应力，反应在导地线压线时的驰度，应符合规定数值。若驰度过小，说明导地线承受过大的张力，当气温降低时，即可能因为导线收缩张力过大而发生断线事故。若驰度过大，则导线、地线必然对地距离减少，气温升高时，导线、地线对地距离将更小而可能影响安全运行，甚至产生放电。因此，要求施工应正确观测驰度，使架空线符合设计要求的能力。

第十节 架空线弧垂观测

（一）异长法

异长法是一种不用经纬仪观测弧垂的方法。观测时，用两块长约 2m、宽 $10\sim15cm$ 红白相间的弧垂板水平地绑在杆塔上 A_1、B_1 处，其上边缘与 A_1、B_1 点重合。紧线时，观测人员目视（或用望远镜）两弧垂板的上边缘，当架空线与视线相切且稳定后（三点一线）即可，该切点处的垂度即为观测弧垂。弧垂 f 已算，任选一点 A_1 求出 B_1 点位置即可观测。

（二）等长法

等长法又称平行四边形法，也是用弧垂板进行观测的。在两杆塔上由悬挂点往下量取相同的垂直距离，即 $a=b=f$，如图 1-81 所示。ABA_1B_1 就形成了一个平行四边形。

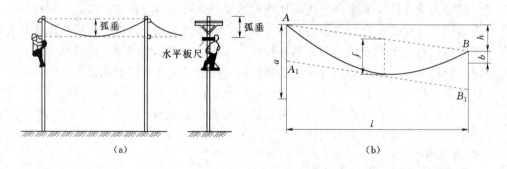

图 1-81 等长法观测弧垂
（a）没有高差；（b）存在高差

紧线时，A_1、B_1 处各绑一弧垂板，其上边缘与 A_1、B_1 点重合。紧线时，观测人员目视两弧垂板的上边缘，调整架空线张力，当架空线与视线相切且稳定后（三点一线）即可，该切点处的垂度即为观测弧垂。弧垂 f 值，根据相应情况选择前面公式计算。

（三）角度法

通过用测量仪器测竖直角来观测弧垂的一种方法，根据观测档的地形等情况，可以选取档端、档内、档外、档侧任一点、档侧中点等方法测量角度。

1. 档端观测

经纬仪安置在观测档的档端进行弧垂观测，称为档端观测，如图 1-82 所示，档端观测时，经纬仪安置好后 a 的值就可测出，再计算出竖直角 α 即可。观测时，将经纬仪竖直盘读数调正确，紧线时，架空线与望远镜中十字丝的横丝相切即可。

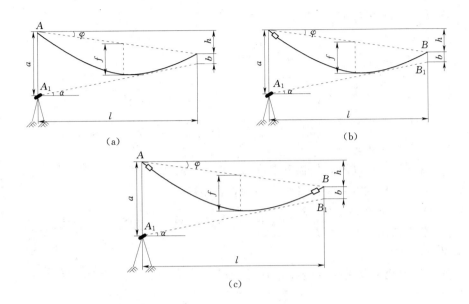

图 1-82　角度法档端观测弧垂

(a) 未联耐张绝缘子串；(b) 一端联耐张绝缘子串；(c) 两端联耐张绝缘子串

(1) 观测档内未联耐张绝缘子串：

$h < 10\%l$ 时　$\alpha = \arctan \dfrac{\pm h + a - b}{l} = \arctan \dfrac{\pm h + a - (4f_0 - 4\sqrt{af_0} + a)}{l}$

$\qquad\qquad\qquad = \arctan \dfrac{\pm h - 4f_0 + 4\sqrt{af_0}}{l}$

$h \geqslant 10\%l$ 时　$\alpha = \arctan \dfrac{\pm h + a - b}{l} = \arctan \dfrac{\pm h + a - (4f_\varphi - 4\sqrt{af_\varphi} + a)}{l}$

$\qquad\qquad\qquad = \arctan \dfrac{\pm h - 4f_\varphi + 4\sqrt{af_\varphi}}{l}$

(2) 观测档内一端联耐张绝缘子串：

1) 在未联侧观测：

$h < 10\%l$ 时　$\alpha = \arctan \dfrac{\pm h - 4f_0\left(1 + \dfrac{\lambda^2}{l^2}\dfrac{g_0 - g}{g}\right) + 4\sqrt{af_0}}{l}$

$h \geqslant 10\%l$ 时　$\alpha = \arctan \dfrac{\pm h - 4f_\varphi\left(1 + \dfrac{\lambda^2\cos^2\varphi}{l^2}\dfrac{g_0 - g}{g}\right) + 4\sqrt{af_\varphi}}{l}$

2) 在连接处观测：

$h < 10\%l$ 时　$\alpha = \arctan \dfrac{\pm h - 4f_0\left(1 - \dfrac{\lambda^2}{l^2}\dfrac{g_0 - g}{g}\right) + 4\sqrt{\left(a - 4f_0\dfrac{\lambda^2\cos^2\varphi}{l^2}\dfrac{g_0 - g}{g}\right)f_0}}{l}$

$h \geqslant 10\%l$ 时　$\alpha = \arctan \dfrac{\pm h - 4f_\varphi\left(1 - \dfrac{\lambda^2\cos^2\varphi}{l^2}\dfrac{g_0 - g}{g}\right) + 4\sqrt{\left(a - 4f_\varphi\dfrac{\lambda^2\cos^2\varphi}{l^2}\dfrac{g_0 - g}{g}\right)f_\varphi}}{l}$

（3）观测档内两端联耐张绝缘子串（孤立档）：

$h<10\%l$ 时　$\alpha=\arctan\dfrac{\pm h-4f_0+4\sqrt{\left(a-4f_0\dfrac{\lambda^2}{l^2}\dfrac{g_0-g}{g}\right)f_0}}{l}$

$h\geqslant10\%l$ 时　$\alpha=\arctan\dfrac{\pm h-4f_\varphi+4\sqrt{\left(a-4f_\varphi\dfrac{\lambda^2\cos^2\varphi}{l^2}\dfrac{g_0-g}{g}\right)f_\varphi}}{l}$

式中　α——观测竖直角；

　　　h——两悬挂点的高差，仪器安置在低端时，h 前加"＋"号，反之加"－"号；

　　　a——架空线悬挂点到仪器横轴中心的垂直距离，m；

　　　b——仪器横丝在对侧杆塔上的交点到架空线悬挂点的垂直距离，m。

2. 档内观测

用角度法档内观测弧垂时，经纬仪安置在观测档内悬挂点低端（或高端）架空线下方的位置，如图 1-83 所示。档内观测时，经纬仪安置好后，a、l_1 的值就可测出，再计算出竖直角 α。紧线时，架空线与望远镜中十字丝的横丝相切则可。竖直角 α 的计算为

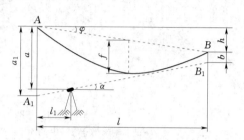

图 1-83　角度法档内观测弧垂

$$\alpha=\arctan\dfrac{\pm h+a-b}{l-l_1}$$

$$a_1=a+l_1\tan\alpha$$

（1）观测档内未联耐张绝缘子串。具体的观测数据如下：

1）$h<10\%l$ 时　$b=\left(2\sqrt{f_0}-\sqrt{a_1}\right)^2=4f_0-4\sqrt{(a+l_1\tan\alpha)f_0}+a+l_1\tan\alpha$

$$\alpha=\arctan\dfrac{\pm h+a-b}{l-l_1}=\arctan\dfrac{\pm h-4f_0+4\sqrt{(a+l_1\tan\alpha)f_0}-l_1\tan\alpha}{l-l_1}$$

化简后得　　　　　　　　$\alpha=\arctan\left[-\dfrac{A}{2}+\sqrt{\left(\dfrac{A}{2}\right)^2-B}\right]$

其中　　　　　　　　　　$A=\dfrac{2}{l}\left(4f_0\mp h-\dfrac{8f_0l_1}{l}\right)$

$$B=\dfrac{1}{l^2}\left[(4f_0\mp h)^2-16af_0\right]$$

2）$h\geqslant10\%l$ 时　$b=\left(2\sqrt{f_\varphi}-\sqrt{a}\right)^2=4f_\varphi-4\sqrt{(a+l_1\tan\alpha)f_\varphi}+a+l_1\tan\alpha$

$$\alpha=\arctan\dfrac{\pm h+a-b}{l-l_1}=\arctan\dfrac{\pm h-4f_\varphi+4\sqrt{(a+l_1\tan\alpha)f_\varphi}-l_1\tan\alpha}{l-l_1}$$

化简后得　　　　　　　　$\alpha=\arctan\left[-\dfrac{A}{2}+\sqrt{\left(\dfrac{A}{2}\right)^2-B}\right]$

其中　　　　　　　　　　$A=\dfrac{2}{l}\left(4f_\varphi\mp h-\dfrac{8f_\varphi l_1}{l}\right)$

$$B=\frac{1}{l^2}\left[(4f_\varphi\mp h)^2-16af_\varphi\right]$$

（2）观测档内一端联耐张绝缘子串（略）。

（3）观测档内两端联耐张绝缘子串（略）。

3. 档外观测

用角度法档外观测弧垂时，经纬仪安置在观测档外架空线下方的位置，如图 1-84 所示。观测时，经纬仪安置好后 a、l_1 的值就可测出，再计算出竖直角 α。紧线时，架空线与望远镜中十字丝的横丝相切则可。竖直角 α 的计算为

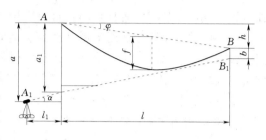

图 1-84　角度法档外观测弧垂

$$\alpha=\arctan\frac{\pm h+a-b}{l+l_1}$$

$$a_1=a-l_1\tan\alpha$$

（1）观测档内未联耐张绝缘子串。具体的观测数据如下：

1）$h<10\%l$ 时　$b=\left(2\sqrt{f_0}-\sqrt{a_1}\right)^2=4f_0-4\sqrt{(a-l_1\tan\alpha)f_0}+a-l_1\tan\alpha$

$$\alpha=\arctan\frac{\pm h+a-b}{l+l_1}=\arctan\frac{\pm h-4f_0+4\sqrt{(a-l_1\tan\alpha)f_0}+l_1\tan\alpha}{l+l_1}$$

化简后得　　　　　　　$\alpha=\arctan\left[-\frac{A}{2}+\sqrt{\left(\frac{A}{2}\right)^2-B}\right]$

其中　　　　　　　　　$A=\frac{2}{l}\left(4f_0\mp h+\frac{8f_0l_1}{l}\right)$

$$B=\frac{1}{l^2}\left[(4f_0\mp h)^2-16af_0\right]$$

2）$h\geqslant10\%l$ 时　$b=\left(2\sqrt{f_\varphi}-\sqrt{a}\right)^2=4f_\varphi-4\sqrt{(a-l_1\tan\alpha)f_\varphi}+a-l_1\tan\alpha$

$$\alpha=\arctan\frac{\pm h+a-b}{l+l_1}=\arctan\frac{\pm h-4f_\varphi+4\sqrt{(a-l_1\tan\alpha)f_\varphi}+l_1\tan\alpha}{l+l_1}$$

化简后得　　　　　　　$\alpha=\arctan\left[-\frac{A}{2}+\sqrt{\left(\frac{A}{2}\right)^2-B}\right]$

其中　　　　　　　　　$A=\frac{2}{l}\left(4f_\varphi\mp h+\frac{8f_\varphi l_1}{l}\right)$

$$B=\frac{1}{l^2}\left[(4f_\varphi\mp h)^2-16af_\varphi\right]$$

（2）观测档内一端联耐张绝缘子串（略）。

（3）观测档内两端联耐张绝缘子串（略）。

（四）平视法

当线路经过大高差、大档距和特殊地形，上述方法不能观测弧垂时，可采用平视法，

就是用水准仪或经纬仪使望远镜视线水平来观测弧垂的方法，如图 1-85 所示。仪器安置在小平视弧垂附近的 P 点，欲设仪器高度 i，使仪器视线到两侧架空线悬挂点的垂直距离恰好等于 f_1 和 f_2，即精确地测定弧垂观测点地面到近仪器侧架空线悬挂点高差 H_1、到远仪器侧架空线悬挂点高差 H_2。$H_1 = i + f_1$，$H_2 = i + f_2$。

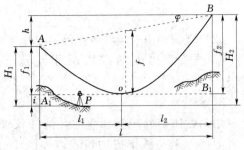

图 1-85 平视法观测弧垂

1. 观测档内未联耐张绝缘子串

$h < 10\% l$ 时

$$f_1 = f_0\left(1 - \frac{h}{4f_0}\right)^2$$

$$f_2 = f_0\left(1 + \frac{h}{4f_0}\right)^2$$

$h \geqslant 10\% l$ 时

$$f_1 = f_\varphi\left(1 - \frac{h}{4f_\varphi}\right)^2$$

$$f_2 = f_\varphi\left(1 + \frac{h}{4f_\varphi}\right)^2$$

2. 观测档内一端联耐张绝缘子串

（1）绝缘子串在高悬挂点侧：

$h < 10\% l$ 时

$$f_1 = f_0\left(1 + \frac{\lambda^2}{l^2}\frac{g_0 - g}{g} - \frac{h}{4f_0}\right)^2$$

$$f_2 = f_0\left[\left(1 + \frac{\lambda^2}{l^2}\frac{g_0 - g}{g} + \frac{h}{4f_0}\right)^2 - \frac{h}{f_0}\frac{\lambda^2}{l^2}\frac{g_0 - g}{g}\right]$$

$h \geqslant 10\% l$ 时

$$f_1 = f_\varphi\left(1 + \frac{\lambda^2\cos^2\varphi}{l^2}\frac{g_0 - g}{g} - \frac{h}{4f_\varphi}\right)^2$$

$$f_2 = f_\varphi\left[\left(1 + \frac{\lambda^2\cos^2\varphi}{l^2}\frac{g_0 - g}{g} + \frac{h}{4f_\varphi}\right)^2 - \frac{h}{f_\varphi}\frac{\lambda^2\cos^2\varphi}{l^2}\frac{g_0 - g}{g}\right]$$

（2）绝缘子串在低悬挂点侧：

$h < 10\% l$ 时

$$f_1 = f_0\left[\left(1 + \frac{\lambda^2}{l^2}\frac{g_0 - g}{g} - \frac{h}{4f_0}\right)^2 + \frac{h}{f_0}\frac{\lambda^2}{l^2}\frac{g_0 - g}{g}\right]$$

$$f_2 = f_0\left(1 + \frac{\lambda^2}{l^2}\frac{g_0 - g}{g} + \frac{h}{4f_0}\right)^2$$

$h \geqslant 10\% l$ 时

$$f_1 = f_\varphi\left[\left(1 + \frac{\lambda^2\cos^2\varphi}{l^2}\frac{g_0 - g}{g} - \frac{h}{4f_\varphi}\right)^2 + \frac{h}{f_\varphi}\frac{\lambda^2\cos^2\varphi}{l^2}\frac{g_0 - g}{g}\right]$$

$$f_2 = f_\varphi\left[\left(1 + \frac{\lambda^2\cos^2\varphi}{l^2}\frac{g_0 - g}{g} + \frac{h}{4f_\varphi}\right)^2\right]$$

3. 观测档内两端联耐张绝缘子串

$h < 10\% l$ 时

$$f_1 = f_0\left[\left(1 - \frac{h}{4f_0}\right)^2 + 4\frac{\lambda^2}{l^2}\frac{g_0 - g}{g}\right]$$

$$f_2 = f_0\left[\left(1 + \frac{h}{4f_0}\right)^2 + 4\frac{\lambda^2}{l^2}\frac{g_0 - g}{g}\right]$$

44

$h \geqslant 10\%l$ 时
$$f_1 = f_\varphi\left[\left(1-\frac{h}{4f_\varphi}\right)^2 + 4\frac{\lambda^2\cos^2\varphi}{l^2}\frac{g_0-g}{g}\right]$$

$$f_2 = f_\varphi\left[\left(1+\frac{h}{4f_\varphi}\right)^2 + 4\frac{\lambda^2\cos^2\varphi}{l^2}\frac{g_0-g}{g}\right]$$

式中 f_1——小平视弧垂，m；

f_2——大平视弧垂，m。

（五）各观测方法的步骤

1. 计算代表档距

根据杆位表确定各耐张段的观测档，计算代表档距。观测档的选择要求：

（1）耐张段的档数。耐张段在 5 档及以下时，选择靠近中间的一档；耐张段在 6～12 档时，靠近耐张段的两端各选一档；耐张段在 12 档以上时，靠近耐张段两端和中间各选一档。观测档的数量可以根据情况适当增加，但不能减少。

（2）观测档应选择在档距较大和悬挂点高差较小的档。

2. 观测档弧垂计算并考虑"初伸长"的影响

根据观测档内有、无联接耐张绝缘子串，连接一个还是两个；悬挂点的高差值是正是负来选择合适的公式，并考虑"初伸长"的影响。

3. 选择合适的观测方法

观测方法有异长、等长、角度、平视。

对于档距较小、弧垂不大（弧垂最低点高于两杆塔根部连线）、架空线两悬挂点高差不大、地形较平坦的观测，一般采用异长法或等长法。它操作简便，减少了现场的计算量（特别是等长法），但由于是目视（或望远镜）进行观测，精度不高，三点一线时会产生误差，影响弧垂。

对于档距大、弧垂大以及架空线两悬挂点高差较大时，一般采用角度法观测。由于是用仪器测竖直角来观测弧垂，因而精度较高，操作也简单。根据观测档地形和弧垂情况，可选取档端、档内、档外、档侧任一点、档侧中点中任一种适当方法进行，档端法因计算工作量小，但使用最多，在 $a<3f$ 时优先选用档端角度法。

当观测档存在大高差 h、大弧垂 f、大档距、特殊地形，且高差值小于 4 倍弧垂值（即 $h<4f$）时方可采用平视法观测弧垂。它操作简便，计算工作量小，精度高，但要注意仪器的竖盘指标差，它会影响视线的水平。

4. 计算因温度变化而对观测参数的影响

观测档弧垂是按紧线前气温计算的，紧线划印时的实际气温与它有差异，这个气温差便引起弧垂的变化 Δf。查出各耐张段代表档距的紧线前气温下的弧垂值 $f_计$ 和紧线时现场实际温度下的弧垂值 $f_实$，计算出 Δf 及相应的观测参数变化值。

（1）异长法。弧垂板绑扎距离的变化值为 Δa，即

$$\Delta a = 2\Delta f\sqrt{\frac{a}{f}}$$

（2）等长法。有两种计算：

当气温上升时弧垂板绑扎距离的变化值为

$$\Delta a = \left(1 + \frac{\Delta f}{f} - \sqrt{1 + \frac{\Delta f}{f}}\right)f$$

当气温下降时弧垂板绑扎距离的变化值为

$$\Delta a = 4\left(\sqrt{1 - \frac{\Delta f}{f}} - 1 + \frac{\Delta f}{f}\right)f$$

（3）角度法。根据现场温度计算新的观测角。

（4）平视法。温度变化引起观测竖直角的变化值为

$$\Delta \alpha = \arctan\left\{\left(\pm\frac{h}{l} - 4\frac{f}{l} + 8\frac{f}{l}\frac{x}{l}\right) + \left[\left(\pm\frac{h}{l} - 4\frac{f}{l} + 8\frac{f}{l}\frac{x}{l}\right)^2\right.\right.$$
$$\left.\left. + \left(\pm8\frac{h}{l}\frac{f}{l} + 16\frac{f_1}{l}\frac{f}{l} - 16\frac{f^2}{l^2} - \frac{h^2}{l^2}\right)\right]^{\frac{1}{2}}\right\}$$

式中　f——气温变化后，架空线的弧垂计算值，m；

　　　f_1——气温变化前，与仪器同侧的平视弧垂，m；

　　　x——仪器安置点到近悬挂点的水平距离，m。

5. 观测弧垂

对于等长法和异长法，绑扎好弧垂板，紧线时一旦"三点成一线"应通知停止牵引，待架空线的摇晃基本稳定后再进行观察。

对于角度法和平视法，架好仪器，调好竖直角。一旦十字丝的横丝与架空线相切，即停止牵引，待架空线的摇晃基本稳定后再进行观察。

6. 观测注意事项

（1）多档紧线时，由于放线滑车的摩擦阻力，往往是前面弧垂已满足要求而后侧还未达到。因此，在弧垂观察时，应先观察距操作（紧线）场地较远的观察档，使之满足要求，然后再观察、调整近处观测档弧度。

（2）当多档紧线，几个弧垂观测档的弧垂不能都达到各自要求值时，如弧垂相差不大，对两个观测档的按较远的观测档达到要求为准；三个观察档的则以中间一个观测档达到要求为准。如弧垂相差较大，应查找原因后再加以处理。

（3）对复导线的弧垂观察，应采用仪器进行，以免因眼看弧垂的误差较大，造成复导线两线距离不匀。

（4）观测弧垂时，应顺着阳光且宜从低处向高处观察，并尽可能选择前方背景较清晰的观察位置。

（5）观测弧垂应在白天进行，如遇大风、雾、雪等天气影响弧垂观测时，应暂停观测。

第十一节　接地装置的安装

接地装置是输电线路施工不可缺少的部分。杆塔及架空地线受到雷击时产生几十万伏的超高压，因此要求接地装置在线路受到雷击时能迅速起到可靠的保护作用。接地装置的大部分为地下隐蔽施工，故施工中应严格照规定操作安装，必须测量接地电阻值，使其符合要求，才能完工。

接地引下线一般均是利用杆内主钢筋作接地引下线（预应力钢筋混凝土杆不允许使用），其方法是使挂架空地线的抱箍与混凝土杆的穿心螺栓连接，铁塔本身可以视作接地导体，不需另加引下线。

接地体有水平放射型、封闭型、混合型，其材料为扁钢或圆钢。接地装置的施工应尽量安排在架线之前进行，以便架线时能起到保护作用。

接地装置的安装可分为：①自然体接地装置的安装；②人工接地体的安装；③人工接地线的安装。

一、自然体接地装置的安装

电气设备的接地装置的安装布置，应尽量利用自然接地体和自然接地线，以有利于节约钢材和减少施工费用。

（一）可利用的自然接地条件

1. 自然接地体

（1）敷设在地下的不会引起燃烧和爆炸的管道。

（2）建筑物、构筑物等的金属结构。

（3）有金属外皮的电力电缆。

（4）金属井管。

（5）水工构筑物及类似构筑物的金属桩。

2. 自然接地线

（1）建筑物的金属结构。

（2）生产用的金属结构。

（3）配线用的钢管。

（4）电力电缆的外包皮。

（5）不会引起燃烧和爆炸的所有金属管道。

（二）自然体接地装置的安装要求

（1）自然接地体引线至少应采用两根以上的引出线与接地干线连接，其引出线与接地干线的连接多采用焊接。焊接要求为引出线采用圆钢时，焊缝长度不应小于圆钢直径的 6 倍；引出线采用扁钢时，焊缝长度不应小于扁钢宽度的两倍，焊接面不少于 3 个棱边。如图 1-86 所示。

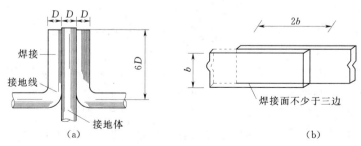

图 1-86　引出线与接地干线的焊接

（a）圆钢焊接；（b）扁钢焊接

（2）金属管道的管壁厚度不得小于 1.5mm。

（3）金属管道的跨接管径为 50mm 及以下时，跨接线采用直径为 6mm 的圆钢；管径为 50mm 以上时，跨接线采用 L25mm×4mm 的扁钢。

（4）保证良好的导电通路在钢筋搭接处、各个用螺钉连接的金属杆件之间，均应采用截面为 100～160mm 的钢材焊接。焊缝长度应大于圆钢直径的 6 倍，不少于扁钢宽度的两倍。

（5）建筑物的伸缩缝处在建筑物的伸缩沉降缝处，必须采用截面不小于 12mm² 的多股铜导线作为接地跨接线。

（6）电力电缆引出线利用电力电缆的金属外皮做自然接地体或接地线时，其引出线须用管卡箍进行连接。安装连接前，先将电缆的外包皮刮干净，然后在电缆和管卡箍之间垫上 2mm 厚的铝带，然后进行禁锢连接，如图 1-87 所示。

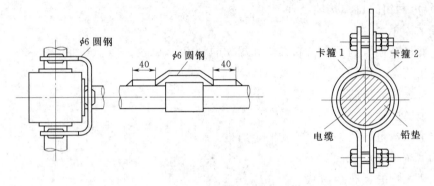

图 1-87　电缆引出线的管卡箍连接
（a）接线盒的跨接线；（b）管接头的跨接线

（7）接地电阻利用自然接地体或接地线时，其接地电阻应符合要求。如不能满足要求时，应增设人工接地体或接地线。

（8）禁止利用铝导体。禁止利用在地下敷设的裸铝导体作为自然接地体和自然接地线。

二、人工接地体的安装

接地体的材料应采用镀锌钢材。

（一）垂直接地体

垂直接地体的布置形式如图 1-88 所示，其每根接地极的垂直间距应不小于 5m。

1. 垂直接地体的制作

（1）垂直接地体的规格。如采用角钢，其边厚应不小于 4mm；如采用钢管，其管壁厚度应不小于 3.5mm；角钢或钢管的有效截面积应不小于 48mm²；如采用圆钢，其直径应不小于 10mm。角钢边宽和钢管管径均应不小于 50mm；长度一般在 2.50～3m 之间。

（2）垂直接地体的制作。用角钢制作时，其下端应加工成尖形，尖端应在角钢的角脊上，并且两个斜边应对称；用钢管制作时，应单边斜削，保持一个尖端，如图 1-89 所示。

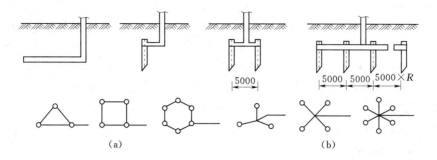

图 1-88 垂直接地体的布置形式

（a）剖面；（b）平面

2. 垂直接地体的安装

安装垂直接地体时一般要先挖地沟，再采用打桩法将接地体打入地沟以下。接地体的有效深度不应小于 2m。

（1）开挖地沟。地沟的深度一般为 0.8～1m，沟底应留出一定的空间以便于打桩操作，如图 1-90 所示。

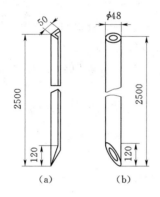

图 1-89 垂直接地体的制作

（a）角钢；（b）钢管

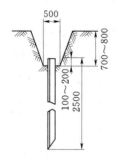

图 1-90 垂直接地体的埋设

（2）打桩。接地体为角钢时，应用锤子敲打角钢的角脊线处。如为钢管时，则捶击力应集中在尖端的顶点位置。否则，不但打入困难，且不宜打直，使接地体与土壤产生缝隙，从而增加接地电阻，如图 1-91 所示。

3. 接地体的连接和回填土

连接引线和回填土接地体按要求打桩完毕后，即可进行接地体的连接和回填土。

（1）连接引线。在地沟内，将接地体与接地引线采用电焊连接牢固，具体

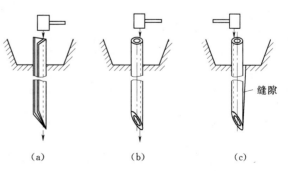

图 1-91 接地体打桩方法

（a）角钢打桩；（b）钢管打桩；（c）接地体倾斜

做法应按接地线连接要求进行。

（2）回填土。连接工作完成后，应采用新土填入接地体四周和地沟内并夯实，以尽可能降低接地电阻。

（二）水平接地体

1. 水平接地体的制作

水平接地体采用镀锌圆钢或扁钢制作。如采用圆钢，其直径应大于 10mm；如采用扁钢，其截面尺寸应大于 $100mm^2$，厚度应不小于 4mm，现多采用 40mm×4mm 的角钢。其长度一般由设计确定。

2. 水平接地体的安装

水平接地体的型式有带型、环型和放射型等，其埋设深度一般应在 $0.6 \sim 1m$ 之间。如图 1-92 所示。

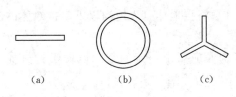

图 1-92　水平接地体

（a）带型；（b）环型；（c）接地体偏斜

新建电力架空线路还要进行缺陷处理。如杆塔局部碰损、导线同一截面处损伤、绝缘子金具缺陷等，然后进行线路工程交接验收，通常要由设计、施工、运行单位三方联合进行。在竣工检验合格后，还要进行以下电气试验：

（1）测定线路绝缘电阻。

（2）核定线路相位。

（3）线路常数测定（35kV 及以下线路可以不做）：直流电阻、正序电阻及阻抗、零序阻抗、正序电容及零序电容。

（4）试送电前再对全线进行一次全面检查，确认无影响送电障碍后进行升压试验，并以额定电压对线路冲击三次。

第二章　架空电力线路外线施工技能

第一节　施　工　运　输

施工运输在整个线路施工工作中，占有重要的位置，尤其是在输电线路，施工战线较长，运输工作对施工关系更大。如以110kV线路为例，平均每千米线路，混凝土制件的运输量约15t，钢材约3t，导线约2～3t，绝缘子金具约1t，因此，一条十几千米的线路，总运输量就需100～200t。而且其中种类繁多、复杂，部件有大、有小，还有容易破裂的瓷件。这些器件，全部都要按规定要求分别运到指定杆塔基坑边。除此以外，还要根据施工进度需要，基本上在不同时间分别按先后次序运到指定坑位，既不影响施工，又不能过早放置坑边，使其受损失。另外，有些同一种部件还具有不同的型号、规格等，不能混淆。所以，器材运输是面广量大、要求严、任务重的施工项目，决不能忽视。

材料从采购地用火车、舟船运回仓库，称为大运输；从仓库发出运到施工班材料站，或从火车码头直接运到施工班指定的各个临时集散点，称为中运输；由施工班根据施工图纸分别配发到每基杆塔坑边，称为小运输。

器材运输中混凝土构件运输量较大，其中，以混凝土杆运输量占比重最大。混凝土杆是比较细长且笨重的构件，运输的困难性比较大。混凝土杆的损伤和裂纹通常多发生在运输环节，因此对混凝土杆的运输必须加以重视。各种混凝土杆的重量如表2-1～表2-6所示。

表 2-1　　　　　非预应力锥形混凝土杆的规格和重量

长度 (m)	配筋 (根—mm)	梢直径 (mm)	根直径 (mm)	壁厚 (mm)	重量 (kg)	长度 (m)	配筋 (根—mm)	梢直径 (mm)	根直径 (mm)	壁厚 (mm)	重量 (kg)
8	20—ϕ5.5	150	257	30	347	10	12—ϕ12	190	323	40	772
8	12—ϕ10	150	257	40	435	11	12—ϕ12	190	337	40	897
8	14—ϕ14	190	297	50	645	11	14—ϕ12	190	337	50	978
8	14—ϕ16	190	297	50	645	12	16—ϕ12	190	350	40	1010
9	10—ϕ9	190	310	40	630	13	12—ϕ12	190	364	40	1129
9	12—ϕ9	150	270	40	510	13	14—ϕ16	190	364	50	1222
9	14—ϕ10	150	270	40	500	13	14—ϕ14	190	364	50	1222
9	12—ϕ10	190	310	40	692	15	14—ϕ16	190	390	50	1500
10	28—ϕ5.5	150	283	30	467	15	16—ϕ16	190	390	50	1500
10	20—ϕ6	150	283	30	467	15	18—ϕ16	190	390	50	1500
10	14—ϕ10	150	283	40	580						

表 2－2　　　　　　　预应力圆锥形混凝土杆的规格和重量

长度(m)	配筋(根—mm)	梢直径(mm)	根直径(mm)	壁厚(mm)	重量(kg)	长度(m)	配筋(根—mm)	梢直径(mm)	根直径(mm)	壁厚(mm)	重量(kg)
8	16—φ6	150	257	25	297	11	20—φ6	190	337	30	641
9	16—φ6	150	270	25	347	13	24—φ6	190	364	30	800
10	28—φ4	190	323	25	474	13	28—φ4.5	190	364	30	800
10	16—φ6	150	283	30	464	15	28—φ5 +7—φ10	190	390	35	1115
11	16—φ6	150	293	25	456						

表 2－3　　　　　　　φ300mm 等径混凝土杆（非预应力）的规格和重量

长度(m)	配筋(根—mm)	壁厚(mm)	重量(kg)	长度(m)	配筋(根—mm)	壁厚(mm)	重量(kg)
4.5	12—φ12	50	470	6	14—φ16	50	625
4.5	14—φ16	50	470	9	12—φ12	50	940
6	12—φ12	50	625	9	16—φ12	50	940
6	16—φ12	50	625	9	14—φ16	50	940

表 2－4　　　　　　　φ300mm 等径混凝土杆（预应力）的规格和重量

长度(m)	配筋(根—mm)	壁厚(mm)	重量(kg)	长度(m)	配筋(根—mm)	壁厚(mm)	重量(kg)
9	24—φ6	50	910	9	18—φ6	50	900
9	30—φ6	50	920	9	24—φ6	50	910
9	22—φ8	50	940	9	30—φ6	50	920

表 2－5　　φ400mm 等径混凝土杆（非预应力）的规格和重量

长度(m)	配筋面积(cm²)	壁厚(mm)	重量(kg)
6	10	50	860
6	15	50	880
6	20	50	900

线材运输对于小导线问题较小，一般小导线的线轴重量在 1t 左右，线轴直径较小，而大导线的线轴直径大，重量达数吨。运输不当容易发生线轴翻落，以致导线严重损伤，影响架线的安全。

表 2－6　　　　　　　φ400mm 等径混凝土杆（预应力）的规格和重量

长度(m)	配筋(根—mm)	壁厚(mm)	重量(kg)	长度(m)	配筋(根—mm)	壁厚(mm)	重量(kg)
6	34—φ6	50	855	6	26—φ6	50	845
6	40—φ6	50	863	6	30—φ6	50	850
6	30—φ8	50	880	6	40—φ6	50	863

第二节　基　础　挖　坑

一、施工步骤

（一）定位

1．杆塔基础坑的定位

首先根据平断面图纸进行杆塔定位测量，确定耐张杆塔、转角杆塔、终端杆塔等杆型的位置，然后确定直线杆塔的位置。在杆位上有砂石土方等，要事先搬运走；当杆位有不易搬移的障碍物时，可适当放大或缩小档距。

测量时以直线桩为基点，通过测距仪或全站仪测距来确定杆塔位置。逐点测出杆位后，即在地上打入主、辅标桩（用作校验杆坑挖掘位置是否正确和混凝土杆是否立直），并在标桩上编号。然后，以此桩位为基点用经纬仪分坑法测出杆塔基础位置。

2. 拉线坑的定位

直线杆的拉线与线路中心线平行或垂直；转角杆的拉线位于转角的平分角线上（混凝土杆受力的反方向），拉线与线路中心线的夹角一般为 45°，受限制地区角度可减少到 30°。

拉线坑位的测定用经纬仪完成，并可计算出拉线长度。

（二）挖坑

开挖前必须对土壤进行多方面的了解，挖掘土方应自上而下分层进行，为了防止坑壁塌方和施工方便，坑壁应留有适当的坡度。坑口尺寸要大于坑底尺寸，加大数值视土质情况而定。坑底超过 2m² 时，可由两个人同时挖掘，但不得面对面或相互靠近工作。向坑外抛土时，应防止石块回落伤人，任何人不得在坑内休息。挖坑至一定深度要有便于上下的梯子，挖出的土壤应堆积在离坑边 1m 以外的地方，并应留出适当的位置便于基础施工。

坑壁坡度的大小与土壤性质、地下水位、挖掘深度等因素有关，可参考表 2-7。如在开挖过程中发现土壤湿度较大或者土质散松时，可将边坡挖成阶梯形，确保不发生坑壁坍塌现象。开挖的坑底必须铲平，中间不得有凹凸不平的现象，坑底平面要在一个水平面上。

表 2-7 一般基坑开挖的边坡度

土质分类	砂土、砾土、淤泥	砂质黏土	黏土、黄土	坚土
坡度（深：宽）	1：0.75	1：0.5	1：0.3	1：0.15

1. 不带卡盘和底盘的混凝土杆

当混凝土杆不设底盘和卡盘，混凝土杆直接埋置于地基上时，一般是挖比混凝土杆直径稍大一点的圆坑，施工土方量小，立杆时进坑以后不易发生倒杆，一般配电线路均采用圆形坑。35kV 混凝土杆不用底盘、卡盘的也采用圆形坑。当埋深在 1.8m 以下时，一次即可挖成圆坑；坑深大于 1.8m 时可采用阶梯形或上部挖较大的方形或长方形以便于立足，再继续挖中央圆坑。通常可用螺旋钻洞器或夹铲挖成比混凝土杆直径稍大一点的圆形坑。坑形如图 2-1 所示。

2. 设置底盘和卡盘的混凝土杆

当混凝土杆设置底盘、卡盘时，挖坑底部直径必须大于混凝土杆根径 200mm 以上，以便矫正，采用倒落式立杆还要开挖马槽。对挖好的坑（包括拉线）要进行填土夯实、铺石灌浆等处理方式。挖坑工作目前还是以人力为主，虽然有一些机械可用如螺旋钻洞机、夹铲等，但都有一定的适用范围。对于杆身较重、较高及带卡盘和底盘的混凝土杆，为立

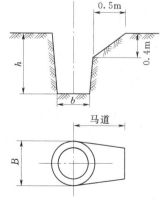

图 2-1 圆形坑

杆方便可挖成梯形坑,坑深不大于1.8m者采用二阶杆坑,如图2-2所示。混凝土杆坑深在1.8m以上者采用三阶杆坑,如图2-3所示。

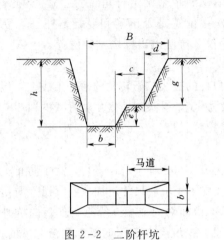

图2-2　二阶杆坑

$B \approx 1.2h$　$b \approx$ 混凝土杆底径$+(0.2\sim0.4)$

$c \approx 0.7h$　$d \approx 0.2h$　$l = 0.3h$　$g \approx 0.7h$

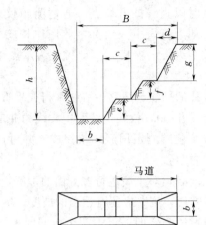

图2-3　三阶杆坑

$B \approx 1.2h$　$b \approx$ 混凝土杆底径$+(0.2\sim0.4)$　$c \approx 0.35h$

$d \approx 0.2h$　$l = 0.3h$　$f = 0.3h$　$g \approx 0.4h$

挖坑时马道要开在立杆方向,拉线坑马道要靠拉线侧,拉线的角度与马道的坡度一致。混凝土杆的埋设深度参考表2-8。

表2-8　　　　　　　　　　　　　杆 长 与 埋 深 关 系　　　　　　　　　　单位:m

混凝土杆杆长	7	8	9	10	11	12	13
埋设深度	1.11	1.6~1.7	1.7~1.8	1.8~1.9	1.9~2.0	2.0~2.1	2.5

3. 铁塔

铁塔基础的挖坑施工土方量大,分开式铁塔基础各坑应分别挖土,若深度超过1.6m时也可挖成阶梯式。

二、安装

1. 安装底盘

底盘:当混凝土杆承受较大的下压力时,如转角杆、耐张杆,一般就应在混凝土杆坑内埋设底盘、底盘安装时要进行基坑操平,不得倾斜;施工基本以人为主,如图2-4所示。

2. 安装卡盘

卡盘:卡盘是防止混凝土杆倾覆的有效措施。卡盘有上卡盘和下卡盘之分。卡盘安装时,卡盘上口距地面不应小于0.5m,而且必须保持水平不歪斜,卡盘应于线路平行,并应在线路混凝土杆左、右交替埋设,如图2-5所示。

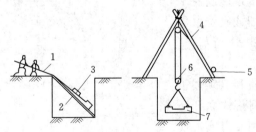

图2-4　底盘安装图

1—人力缓松;2—滑杆;3—底盘;4—人字扒杆;
5—牵引;6—滑轮组;7—底盘

卡盘安装时，卡盘上口距地面不应小于 0.5m，而且必须保持水平不歪斜，卡盘应与线路平行，并应在线路混凝土杆左、右交替埋设；拉盘是拉线的组成部分，用于稳定混凝土杆。

3. 安装拉盘

拉盘：拉盘是拉线的组成部分，是用来稳定混凝土杆的。施工基本以人力为主。放置，如图 2-6 所示。

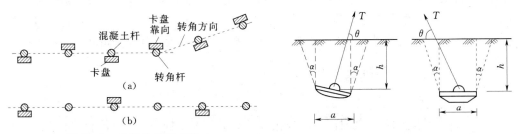

图 2-5　卡盘的布设方法
（a）转角线路的卡盘布设；（b）直线线路的卡盘布设

图 2-6　拉盘放置图

铁塔基础的挖坑同混凝土杆挖坑一样，要进行坑深的检查，必须符合设计要求。在进行底脚浇注时要进行底脚螺栓找正。如图 2-7 所示。混凝土杆、铁塔基础如图 2-8 所示。

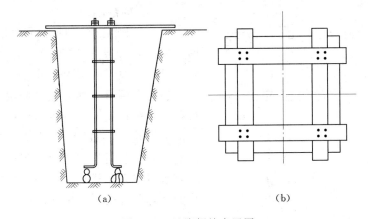

（a）　　　　　　　　　　　　（b）

图 2-7　地脚螺栓安置图
（a）地脚螺栓安放示意图；（b）用横板找正地脚螺栓示意图

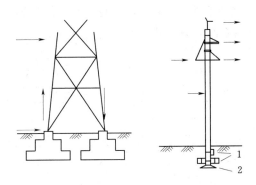

图 2-8　铁塔、混凝土杆基础示意图
1—卡盘；2—底盘

55

第三节 杆 塔 组 立

组立杆塔是架空线路施工的关键工序。线路杆塔具有高、重、大的特点，起立杆塔的施工方法基本上有整体起立和分解起立两种方法。整体起立杆塔的优点是绝大部分组装工作可在地面进行，高空作业量小，施工比较安全方便，适合流水作业，速度快；其缺点是整体分量较重，工器具均需相应配备重型，施工时占地面积较广。分解组装立杆塔的优点是工具比较简单，施工地形基本不受限制，其缺点是进度较慢，高空作业量大，从安全角度看比较差些。

一、杆塔及构件的组装

（一）混凝土杆

当采用分段混凝土杆（水泥杆）架空输电线路时，混凝土杆一般是整体起立的，因此混凝土杆的组装工作是在地面进行的，它的组装包括排杆、找正、杆段连接及其他构件的组装。

由于整个杆件较长、较重，排杆后就不易再移动，因此排杆工作与立杆有很大关系。排杆时必须逐段核对检查后再排直，因连接（特别是焊接）后难以调换，所以排杆工作要认真负责，以保证工程质量。

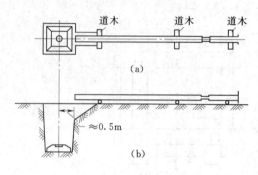

图 2-9 单杆排杆示意图
(a) 平视图；(b) 侧视图

1. 单杆排杆要求

（1）以固定式抱杆起吊的混凝土杆排杆时，应将混凝土杆靠近坑口，杆身的重心部位，基本上放于杆坑中心处。

（2）以倒落式抱杆起立的混凝土杆，应将杆根放于距杆坑中心约 0.5m 处。直线杆的杆身应沿线路中心放置，如图 2-9 所示。如顺线路方向的前后均有障碍，不能立杆时，可以垂直于线路方向排列。转角杆的杆身应于内侧角的二等分线成垂直排列。

2. 双杆排杆要求

（1）直线双杆均必须顺线路放置，根部距离杆坑一般为 0.5m 左右，头部放置方向依照立杆施工要求，杆身应与线路的中心线成平行，两杆间的距离应符合规定的双根开尺寸。

（2）转角双杆放置方向必须与转角内侧角二等分成垂直，如图 2-10 所示。

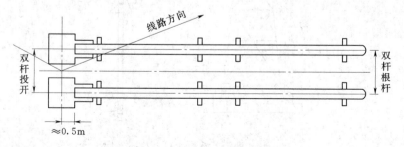

图 2-10 转角双杆排杆示意图

（3）双杆排列在地面上应保持在同一平面，两杆的对角线应相等，即表明两杆等高。

（4）同一基的两杆总长度应相等，误差不得大于 20mm（设计规定的高低双杆除外）。预应力混凝土杆长度精确度较差，排杆前要逐段核对，如有误差，应尽可能在同一基内互相调换，使两杆长度一致。但须注意同一付横担的螺杆穿孔应保持成水平。

混凝土杆的连接要在施工现场进行。有螺栓连接和焊接两种，如图 2-11 所示。

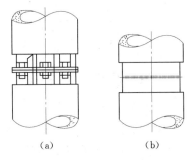

图 2-11　连接示意图
(a) 螺栓连接；(b) 钢圈焊接

1）单杆构件的组装：应按横担——拉线——地线支架顺序组装构件。

2）双杆构件的组装：当导线和地线横担均采用角钢横担，并且互相连接在一起时，应先组装地线横担，然后安装导线横担，再叉梁、地线支架组装。

混凝土杆构件的组装顺序为先组装导线横担，后组装地线横担与叉梁，再组装其他附件。如架线金具、拉线以及金具、导线瓷瓶串应绑扎在横担上，以防止摆荡。

（二）铁塔组装

铁塔的地面组装可分为四种形式：整体组装、分段组装、片装及分角组装。

整体组装能大量减少高空作业、效率高、安全性好，但易受地形及起吊设备的限制。分段或分片组装的优点是拼装简单，高空作业要比散装快，因而进度较快，但是起吊的抱杆较大，起重量较大；近几年来，分角组装法显示较多的优点，它以把主角钢连接后同时竖立起来，待四根主角钢竖起后，再逐段装上斜材和水平材，这样速度快，效率高。

1. 铁塔组装的技术规定

（1）组装前必须经过技术交底，包括施工图纸、质量标准、安全技术措施以及操作规程和施工方法。务必使全体工人熟悉图纸、资料、方法和要求。

（2）组装前应进行场地平整、垫好足够数量的支垫架、支垫架应稳固可靠、支垫高度应满足组装要求、不能因塔的自重而影响结构变形或损坏。

（3）直线塔应对称的组装在线路中心线上，转角塔应组装在内角的角平分线的两侧，脚钉及接地螺孔的方向应与设计要求相符，一般惯例是把脚钉放在左下方。

（4）塔件组装应紧密、牢固、无缺螺栓，各部分应复紧。

对工程规模较小，如 35kV 及以下线路施工，杆塔组装工序可并入排杆或立杆工序一同进行。

2. 杆塔组装时的安全措施

（1）组装杆塔时，需有专人负责指挥；移动或起吊重大物件时，需与前后左右互相呼应，避免碰撞压伤。

（2）移动混凝土杆塔要在道木上滚动。随时要有木楔垫稳，以防止混凝土杆滚下压伤脚背。

（3）地势不平进行排杆装杆时，事先应整修场地，在下坡外做好防滚动措施。

（4）登塔组装要检查脚钉螺栓是否拧紧可靠。登上杆塔以后，开始工作前必须先系好保险带，保险带要结在主角钢上。蹬杆工作人员均必须戴好安全帽。

（5）安装横担或铁塔时，严禁用手指伸入对螺孔，只能用铁撬棒对螺孔。

（6）安装铁塔时，下面不许有人同时进行其他工作，以防落下铁件或工具伤人。

二、组立方法与步骤

（一）混凝土杆

1. 组立方法

立杆的方法有多种，常用的有汽车起重机立杆、三脚架立杆、倒落式立杆和架杆立杆四种。

图 2-12　汽车起重机立杆

（1）汽车起重机立杆。汽车起重机立杆比较安全，效率也高，适用于交通方便的地方。立杆前先将汽车起重机开到距坑适当位置加以稳固，然后把起重钢丝绳结在距混凝土杆底部的 1/2～1/3 处，再在杆顶向下 500mm 处结三根调整绳。起吊时，坑边由两人负责底部入坑，三人拉调整绳，一人指挥。如图 2-12 所示。

混凝土杆竖起后，要调整混凝土杆的中心，使之与线路中心的偏差不超过 50mm。直线杆的中心应垂直，其倾斜度不得大于混凝土杆梢径的 1/4。承力杆应向承力方向倾斜，其斜度不应大于梢径，也不应小于梢径的 1/4。混凝土杆调整好后，开始向杆坑回填土，每回填土 300mm 厚时夯实一次。回填土夯实后应高于地面 300mm，以备沉降。在回填土前，如杆坑内有积水，需预先排除。如在易被流水冲刷的地方埋设混凝土杆，须在混凝土杆周围埋设立桩并砌以石块，做成水围，以防冲刷。

（2）三脚架立杆。三脚架立杆主要用三脚架和装在三脚架上的小型卷扬机上下两个滑轮以及牵引钢丝绳等吊立混凝土杆。立杆前首先将混凝土杆移到坑边，立好三脚架（要防止三脚架根部活动和下陷），然后在混凝土杆上部结三根拉绳，以控制杆身；在混凝土杆 1/2 处结一根短的起吊钢丝绳，套在滑轮吊勾上。起吊时，手摇卷扬机手柄，当杆上部离地约 500mm 时，对绳扣等做一次安全检查。确定无问题后继续起吊，将混凝土杆竖起落于杆坑中。最后，调正杆身，填土夯实。如图 2-13 所示。

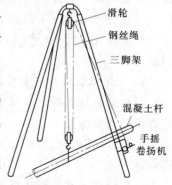

图 2-13　三脚架立杆

（3）倒落式立杆。倒落式立杆主要用人字抱杆、滑轮、卷扬机（或绞磨）、钢丝绳等。立杆前先将起吊钢丝绳的一端绑结在人字抱杆上，另一端绑结在混凝土杆的 2/3 处（由混凝土杆根部测量）。然后，再在混凝土杆梢部结三根调整绳，从三个角度控制混凝土杆，使总牵引绳经滑轮组引向卷扬机（或绞磨），总牵引绳的方向要使制动桩、杆坑中心、人字抱杆交叉端在同一条直线上，如图 2-14 所示。

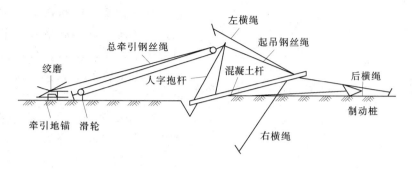

图 2-14　倒落式立杆

起吊时，人字抱杆与混凝土杆同时起立，此时拉调整绳的人要配合好。当混凝土杆梢部距地约1m时停止起吊，进行一次安全检查，确认无误后再继续起吊。混凝土杆起立至适当位置时，将杆底部逐渐放入坑内，并调整混凝土杆的位置。立至70°时，反向临时拉线要适当拉紧，以防混凝土杆倾倒。当杆身立至80°时，卷扬机（或绞磨）应缓慢转动，可采用反侧临时拉线缓放，将杆调整正直，再填土夯实，最后拆卸立杆工具。另外，还有一种固定式人字抱杆的起立方法，适用于起吊15m及以下的杆塔，这种方法不受地形的限制，在市镇施工比较方便。

倒落式人字抱杆还可用来起立双杆和铁塔。由于起吊的杆塔比较重和大，又是一个整体，所以具有起吊场面大，起吊设备多，参加作业人员多的特点。

（4）架杆立杆。架杆立杆的方法比较简单，但劳动强度大。架杆是用杆径为80～100mm，长为5～7m的杉木杆做成的，两根杆的上部用铁链或钢丝绳连接在一起。对10m以下的混凝土杆可采用此法立杆。

用架杆立杆时需注意，拉绳和调整绳的长度不应小于杆长的两倍，用力要稳妥，互相配合协调。当架杆互相交替移动到混凝土杆立直后，应用一副架杆反方向支撑混凝土杆以防倾倒，如图2-15所示。

图 2-15　架杆立杆

2. 步骤

现以高压输电线路门型杆为例，用倒落式人字抱杆整体起立方法来详细解说立杆施工过程。

整体组立时，应有统一的指挥信号，参加操作的人员应熟悉这些信号，一般用红白旗表示：用手将白旗打出，表示操作开始或继续进行；用手将红旗打出，表示操作停止；用两手将红、白旗位于头上方交叉打出，表示操作完毕，该项工作可以结束；用手将红白旗同时打出，并在同一方向上下交叉摆动，表示把操作中的起吊构件逐渐松下；用手将红白旗划圈，表示招回远方的工作人员。

（1）立杆准备阶段工作：

1）固定钢绳系统。固定钢绳是从杆塔起吊绑扎处开始，至抱料头部的固定滑车为止。

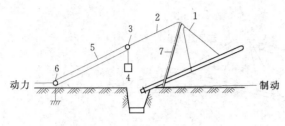

图 2-16 牵引系统
1—固定钢绳；2—总引牵钢绳；3—动滑轮；4—重物；
5—滑轮组钢绳；6—定滑轮；7—抱杆

它由起吊钢绳，滑车和绑扎钢绳套等组成，起吊绑扎点又称吊点。吊点的数目通常根据杆子的强度，杆子的高度、重量、重心位置等来确定。所以，吊点有单吊点、双吊点、多吊点之分。

2）牵引系统。牵引系统是由牵引钢绳及复滑车组两部分组成。牵引钢绳的受力一般约为杆体总重量的 0.9～1.3 倍，如图 2-16 所示。

3）动力系统。动力装置是牵引系统的动力来源。牵引动力应尽量布置在线路中心线或线路转角的两等分线上。当出现角度时偏出角不能超过 90°。

4）人字抱杆的布置和要求。人字抱杆是整立杆的重要工具，只有它是一组受压机具。人字抱杆的坐落位，包杆根开，对杆塔基础中心线的距离，落脚点高差，初始角等数据必须按照施工设计的要求来布置。两抱杆必须等长，抱杆组装必须正确，不准由迈步和歪扭，抱杆脚应稳固，轴心处转动应灵活。

5）制动钢绳系统。杆从起立到登位，杆根需要向基坑方向移动 0.5～1.5m，这个移动是靠制动系统来完成的。制动钢绳系统是由制动器，复滑车组，钢绳和地锚组成。

6）临时拉线及永久拉线的安装。临时拉线是在整立过程中防止杆塔倾倒和稳定杆塔使用的。尤其是当杆塔起至 80°以上时更应注意临时拉线的作用，以防止杆塔向反方向倾倒。临时拉线在杆上固定位置：如单杆应固定在上下横担之间，是双杆应固定在紧靠导线横担的下边，铁塔应绑扎在主、斜材接头处。永久拉线是在整立前就将拉线按图纸组装在设计位置外，拉线由上把、中把、下把三部分组成。

7）地锚的布置和埋设。地锚是整立杆时的重要受力装置。地锚的布置和埋设是关系到整立杆塔安全与否的重要因素，因此地锚的规格、材质、埋深、埋设方法和地锚间的连接方法等都必须满足施工要求，地锚由深埋式地锚，打桩式地锚，地钻地锚等。图 2-17 为打桩式地锚。

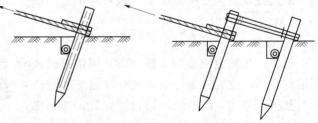

图 2-17 打桩式地锚构造

8）杆塔的补强。门型杆的整体组立由于它垂直平面方向的刚性很差，起吊时产生向杆平面中心相夹的分力，从而改变根开，杆受到不必要的力而变形，另外一旦在起吊过程受到冲击，则杆很可能在某一点折或扭曲，因此必须对门型杆的腰部进行补强，使它刚性增强。补强的办法是用一根圆木，比门型杆根开长 0.6～1.0m，水平横跨在两杆上，用钢管或角钢等制成，其长度与杆腿根开相对应，截面应由受力大小确定。

（2）整体起吊阶段。起吊前应对现场布置作全面仔细的检查，经检查无误且非操作人员离开操作区后即可发起吊信号。当杆头离地面 1m 左右时，应暂时停止牵引进行检查，如地锚是否稳固、牵引制动系统有无异常、混凝土杆是否弯曲、绳扣有无松动等。当混凝土杆起立45°～50°时（失效角前10°）应使杆根进入底盘，同时校正根开。根部进入底盘后，指挥人员应由线路中心改站在侧面进行指挥。

当抱杆将近脱帽时（失效）时，应减低牵引速度，并监视脱帽环是否有卡住的，抱杆失效时，要有专人负责操作控制绳，使其缓落地面，尽量减少振动。

杆身起立60°～70°时，反向临时拉线就要可靠连接和控制，起至80°时应减慢牵引速度，到85°以后拴好临时拉线。因牵引滑车组有很大自重，防止后侧拉线控制不住而倒杆。

杆身正直、四侧临时拉线要可靠固定后，可放等杆、拆除器具。

（3）整杆阶段。混凝土杆组立后应对根开、迈步、横线路及顺线路位移等进行检查，超过要求时应予调整。整杆可用千斤顶、双钩紧线器或其他手动工具进行。无论进行何种调整，均需事先找出原因，采取相应措施，不得盲目操作。

整体立杆必须根据杆型、杆重、现场地形及现有工器具进行施工，以确立组立方法、平面布置、吊点位置、工器具规格及劳动组织。现场布置应按施工设计要求进行，最好要画出图形，以便施工形象化。施工布置如图2-18、图2-19所示。

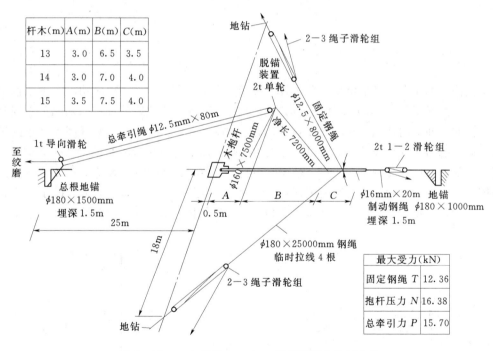

图2-18　一点起吊13～15m拔梢混凝土单杆布置

（二）铁塔

铁塔多采用分解组立。分解立杆塔是整体组立的另一种型式，是在塔基上由下而上逐段或分片进行吊装，施工所需要的桩锚较少，故对于桩锚配置等立塔准备工作量小，而且铁塔施工一般不需填土夯实，因此准备工作及整杆等均可合并在立塔组内进行，劳动力可以集中使用。

分解组立有外拉线抱杆组塔法（简称外拉线法）和内拉线抱杆组塔法（简称内拉线法）。

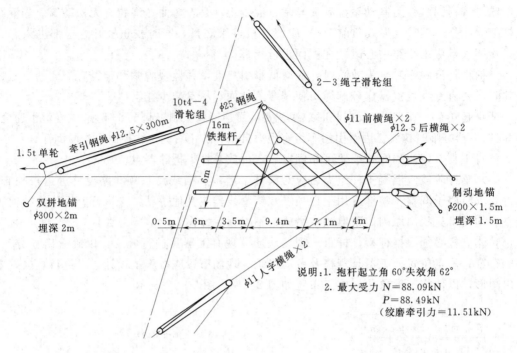

图 2-19 3 点起吊 30m (φ400) 等径混凝土双杆布置

拉线法：原系东北送变电工程公司技术改革成果，于 1964 年试验成功，实现了输电施工工人要"割辫子"（是指不要外拉线）"甩地锚"（是指取消拉线的地锚）的愿望，受到了施工单位的欢迎。内拉线抱杆的长度应为起吊段高度的 1.5～1.8 倍，抱杆高出已组铁塔平面以上的高度为抱杆全长的 0.7 倍以上。上拉线是由四根等长钢丝绳组成，其一端均固定在抱杆的顶部，另一端分别拉在四根已被组立主材上，抱杆应保持正立状态。由于抱杆是悬浮在铁塔中心，拉线对抱杆的夹角受到塔身与四角主材限制，此法对于 110kV 的窄基塔则难以采用，对宽基铁塔比较适用。外拉线法和内拉线法加固法如图 2-20、图 2-21 所示。

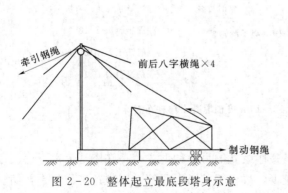

图 2-20 整体起立最底段塔身示意

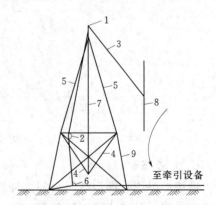

图 2-21 单吊法组塔示意

1—朝天滑轮；2—腰滑轮；3—起吊绳；
4—承托系统；5—拉线系统；6—地滑轮；
7—抱杆；8—被吊塔材；9—已组塔身

第四节 蹬 杆 方 法

杆塔组立后即要上杆作业，首先必须学会蹬杆。铁塔主材上有专门供上下的脚钉，有的铁塔上还架设楼梯，甚至有些大跨越混凝土塔中还安装电梯，上下就比较方便。而混凝土杆除少数情况可用升降车外，大多数因位置偏僻或地形特殊则必须借助工具上下，常用的有蹬高板（又称踏板）和脚扣。

蹬杆前要对蹬高板进行安全检查，确保绳子无断裂、腐朽、断股、板无开裂等现象。并穿上绝缘胶鞋，带好安全帽，上下杆注意力要保持高度集中。

一、蹬高板蹬杆

（1）蹬杆时先将一只踏板钩挂在混凝土杆上，高度以能跨上为准，另一只踏板反挂在肩上。注意，上下杆每一步踏板都必须正钩，如图 2-22 所示。

（2）用右手握住挂钩两根棕绳，并用大拇指顶住挂钩，左手握住左边贴近踏板的单根棕绳，右脚跨上踏板，然后用力使身体上升，待身体重心转到右脚，左手即向上扶住混凝土杆。如图 2-23（a）和图 2-23（b）所示。

（3）当身体上升到一定高度时，松开右手并向上扶住混凝土杆使身体立直，将左脚绕过左边单根棕绳踏板内，如图 2-23（c）所示。

（4）待站稳后，在混凝土杆上方挂上另一只踏板，然后右手紧握上一只踏板的两根棕绳，并使大拇指顶住挂钩，左手握住左边贴近的单根棕绳，使左脚从下踏板左边的单根棕绳内退出，改成踏在正面上踏板，接着将右脚跨至上踏板，手脚同时用力使身体上升，如图 2-23（d）所示。

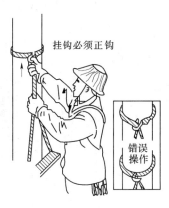

挂钩必须正钩

错误操作

图 2-22 踏板杆上挂钩方法

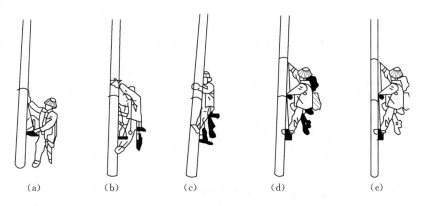

(a)　　(b)　　(c)　　(d)　　(e)

图 2-23 踏板上杆方法

63

（5）当人体离开下面一只踏板时，需把下面一只踏板解下，此时左脚必须抵住混凝土杆，以免身体摇晃不稳，如图 2-23（e）所示，以后重复上述各步骤进行攀登，直至混凝土杆顶部。

（6）下杆时要站在一只踏板上，然后将另一只踏板钩挂在侧下方杆上。

（7）右手紧握踏板挂钩处两根棕绳，并用大拇指顶住挂钩。左脚抵住混凝土杆下伸，左手握住下踏板的挂钩处，身体随左脚的下伸而下降，同时把下踏板下降到适当位置，将左脚插入下踏板上并抵住混凝土杆，如图 2-24（a）所示。

（8）然后将左手握住上踏板的左边棕绳，同时左脚用力抵住混凝土杆，以防止踏板滑下和身体摇晃，如图 2-24（b）所示。

（9）双手紧握上踏板的两根棕绳，左脚抵住混凝土杆不动，身体逐渐下降，双手也随身体下降而下移直至贴近踏板两端。此时，身体后仰，右脚从上踏板退下，使身体下移直至右脚踏到下踏板。如图 2-24（c）、（d）所示。

（10）把左脚从下踏板抽出，下移并绕过左边棕绳踏到下踏板上。如图 2-24（e）所示。以后步骤重复进行，直至着地为止。

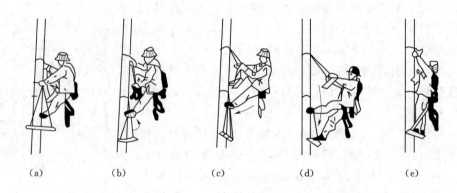

（a）　　　　（b）　　　　（c）　　　　（d）　　　　（e）

图 2-24　踏板下杆步骤

二、脚扣蹬杆

（1）在地面上套好脚扣。

（2）蹬杆时，应左脚先向杆上跨扣，同时左手扶住混凝土杆，如图 2-25（a）、（b）所示。

（3）然后右脚向上夹住混凝土杆，如图 2-25（c）所示。以后步骤重复，直至杆顶。

（4）下杆时，应右脚先向下跨扣，右手向下扶住混凝土杆。

（5）然后左脚向下跨扣，左手向下扶住混凝土杆，以后步骤重复，直至着地为止。

当然，蹬杆是为了上杆作业。在熟悉掌握蹬杆技巧，要上杆作业前，还必须带上安全带、保险绳、吊物绳、工具夹、背包等，如图 2-26 所示。蹬高板上的作业方式，如图 2-27 所示，脚扣的作业方式，如图 2-28 所示。

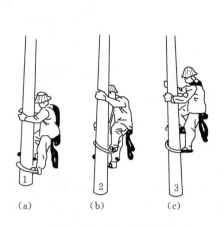

图 2-25 脚扣蹬杆方法

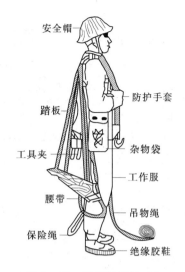

图 2-26 蹬杆携带的工具

图 2-27 板上作业方法

图 2-28 脚扣定位

第五节 施工常用绳结及扣结方法

施工中经常要用到麻绳、钢丝绳等,而绳索扣结必须满足各种操作的需要,且应考虑解结方便和安全可靠。麻绳是用来捆绑、拉索、提吊一般物体的,以白棕绳质量最好;钢丝绳广泛应用于各种起重、提升和牵引设备中。

在电力线路施工中经常用的绳扣是劳动者智慧的结晶,方法多种多样,这里介绍一些常用的绳扣。

(1)直扣:用于临时将麻绳结起来,特点是自紧、容易解开。由直扣又变化出活扣、腰绳扣(登高作业时的拴腰绳);结扣方法如图 2-29 (a)、(b)、(c) 所示。

(2)梯形结(双梯形结):俗称猪蹄扣,在立杆施工中用于木扒杆绑扎绳扣;结扣方法如图 2-29 (d)、(e) 所示。

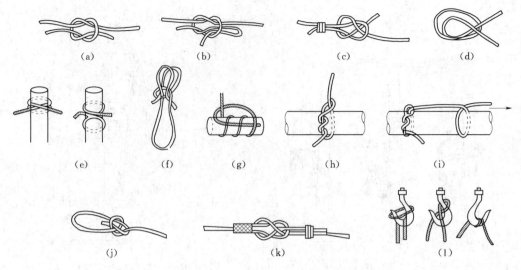

图 2-29　绳扣及扣结方法

(a) 直扣；(b) 活扣；(c) 腰绳扣；(d)、(e) 梯形扣；(f) 抬扣；

(g) 水手扣；(h) 背扣；(i) 倒背扣；(j) 钢丝绳扣；

(k) 钢丝绳与钢丝套的连接扣；(l) 钩头扣

（3）抬扣：一般用于人力抬起重物，特点是调整长短容易和解扣方便；结扣方法如图 2-29（f）所示；应用方式如图 2-30（a）所示。

（4）水手扣：用于提吊重的物体，特点是自紧式，容易解开；结扣方法如图 2-29（g）所示。

（5）背扣（吊物结）：用于在杆上作业时，上下传递工具和材料，特点是自紧式、解扣容易；结扣方法如图 2-29（h）所示；应用方式如图 2-30（c）所示。

（6）倒背扣（拖物结）：用于吊起、拖拉轻而长的物体，特点是可防止物体转动；结扣方法如图 2-29（i）所示；应用方式如图 2-30（b）所示。

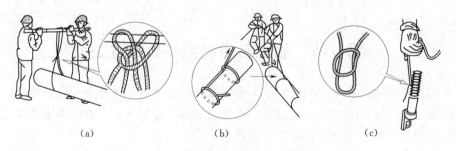

图 2-30　绳扣应用

(a) 抬扣应用；(b) 倒背扣应用；(c) 背扣应用

（7）钢丝绳扣：用于将钢丝绳的一端固定在一个物体上；结扣方法如图 2-29（j）所示。

（8）钢丝绳与钢丝绳套的连接扣：结扣方法如图 2-29（k）所示。

（9）钩头结（扣）：用于起吊荷重；结扣方法如图 2-29（l）所示。

第六节　横担与绝缘子的安装

铁横担与钢筋混凝土杆的安装固定是先在横担上合好 M 型垫铁，再用 U 型抱箍从混凝土杆背部抱过杆身，穿过垫铁及横担螺孔，用螺丝拧紧固定。如图 2-31（a）所示。双横担的安装同样如此，如图 2-31（b）所示。

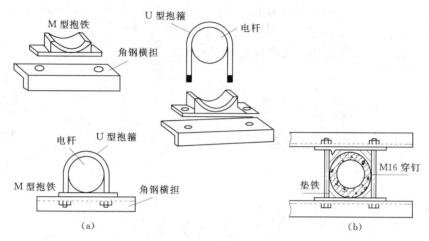

图 2-31　横担的安装
（a）单横担的安装；（b）双横担的安装

杆上横担安装后，就可安装绝缘子。用螺栓穿过横担上的安装孔，并用螺母固定，用力不宜过大，以免压碎绝缘。根据不同电压等级或现场情况，可采用不同的绝缘子种类。图 2-32 中：（a）为采用蝶式绝缘子的连接图；图 2-32（b）为采用针式绝缘子的连接图；图 2-32（c）为采用瓷横担绝缘的连接图，瓷横担既能绝缘，又起到延长铁横担长度的作用；图 2-32（d）为采用瓷瓶绝缘的连接图。

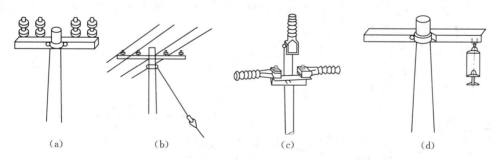

图 2-32　常见绝缘子的安装
（a）蝶式绝缘子的安装；（b）针式绝缘子的安装；（c）瓷横担的安装；（d）瓷瓶的安装

第七节　测　定　弧　垂

弧垂的测定通常与紧线工作配合进行。测定的目的是使安装后的导线达到合理的弧垂。弧垂不宜过大，否则对地或建筑物的限距不够，甚至在导线摆动时容易引起相间短路；弧垂也不宜过小，否则会使导线承受较大的应力，一旦超过导线的允许应力，就会造成断线事故。弧垂与气温的变化有关系：当气温高时弧垂增大，气温低时弧垂减小。

常用的测定弧垂方法有等长法（又称平行四边形法）、异长法、角度法和平视法。

一、等长法（平行四边形法）

1. 观测方法

在观测档两侧杆塔上分别把弧垂板或花杆固定于悬点 A、B，沿杆塔垂直向下且取 f 值。观测弧垂人员登上倒杆塔，用眼观看弧垂板上记号，收紧或放松导线，当两侧弧垂板上记号和导线相切，则这时导线弧垂即为所需的 f 值，如图 2-33 所示。

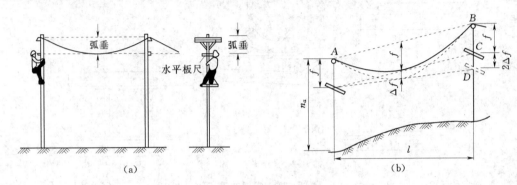

图 2-33　等长法观测弧垂
（a）等高弧垂；（b）小高差弧垂

2. 弧垂调整

用等长法观测弧垂，由于温度变化，引起弧垂需要调整。如调整量为 Δf，可以在两侧杆塔各自向下延伸 Δf。这种方法比较麻烦。

调整弧垂也可以一侧的弧垂板不动，另一侧弧垂板移动 $2\Delta f$，这种方法只需登上一侧杆塔，但将引起一定的弧垂误差，这是因为这时实际上已不是等长法了，与导线相切的那点位置不是中点弧垂处所致。

3. 适用范围

可广泛应用于施工架线弧垂观测中。该法测量简单，且无论观测档悬点等高或不等高，其切点均在最大弧垂处，如视线清晰，误差较小。

二、异长法

异长法一般用于受地形，塔高等限制不能采用等长法的观测档。在核查弧垂时异长法更为方便，如图 2-34 所示。它先在一侧杆塔上先随意设置一弧垂板，样板自悬挂点垂直下移 a 值，在另一侧杆塔设活动弧垂板，移动活动弧垂板直到视线和架空线相切得 b 值，根据 a、b 值即可计算出弧垂 f。

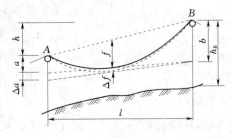

图 2-34　异长法观测弧垂

1. 观测方法

首先在一侧杆上选择适当的 a 值，计算出相应的 b 值，两侧悬挂点以下垂直距离 a 及 b 处固定花杆或弧垂板，当 AB 视线与架空线相切时，导线弧垂即为所要求的观测值 f。

2. 弧垂调整

使用异长法观测弧垂，由于气温引起弧垂变化 Δf 时，为简化计算，另一侧弧垂板调整量按 Δa 进行调整。即

$$\Delta a = 2\Delta f \sqrt{\frac{a}{f}}$$

3. 适用范围

（1）由于目测导线切点误差而限制了异长法使用范围。如果切点垂直目测误差为 $1.2d$（d 为线径），要将弧垂观测误差限制在 1% 范围内。

（2）导线直径太粗，目测误差限制了异长法使用范围，一般档内观测弧垂应大于架空线直径 d 的 120 倍以上。

（3）视线和导线切点必须在档距内，故 $a < 4/f$。

（4）由于架空线实际是悬链线状态，而异长法是根据抛物线推导而得，因此用异长法观察弧垂将产生一定误差，其弧垂误差率随水平应力的增加而减少，随档距的增加而增大，随高差比的增加而增大。

使用异长法时要注意 a、b 数值不要相差太大。通常以 2～3 倍最为适宜，如倾斜角过大，或档距大，b 侧弧垂板看不清楚时，可采用角度法观测。

三、角度法

通过用测量仪器测竖直角来观测弧垂的一种方法，根据观测档的地形等情况，可以选取档端、档内、档外、档侧任一点、档侧中点等方法测量角度。

角度法适用范围广，但测量参数多，且需要较高的测量精度，一般应用于不能用样板法测量的档距。使用该法时观测角应尽量接近高差角。

四、平视法

架空线架设于大高差、大跨越以及其他特殊地形下，其弧垂用等长法、异长法难以观测时，亦可用平视法进行弧垂观测。

角度法观测时，由于仪镜视角误差，而引起的弧垂误差；由于仪器定角误差及测定时切架空线切点偏离线条中心而引起的视角误差；由于定角、操作等原因造成切点的垂直高度误差，以致引起的弧垂误差；仪器置于中线垂直线下方，导线水平时，偏转 α 角来测定两边线弧垂而引起的两边线弧垂误差；以上悬挂点高差之误差 Δh 引起的弧垂误差。

为减小仪器引起的误差，可选用垂直角精度较高的经纬仪，而且仪器要充分检验调整。在测竖直角时，要用正倒镜观测取其平均值。在弧垂测定时应将指标差的正值或负值从观测角中增减。距离测量要正确，应用视距法或视差法，用对向观测或往返各测一次取其平均值的观测方法。

经纬仪置于中相悬点垂线之下，在偏转角测两边相时会引起误差。在超高压线路观测弧垂时，测各相可放到各相悬点垂线之下来测量，也可通过计算纠正测边线时误差，予以纠正。其余误差在确定误差率范围（如不大于1‰）内，可不作弧垂调整之条件。对规定使用垂直测角精度达30″之经纬仪分别求出档端、档内、档外角度法的相应的极限容许值范围。

五、张力表法测定架空线张力

如果了解架空线的确切张力，则可以通过测张力来紧线。在紧线牵引绳上串一张力表（如电力建设研究所 ZLY—Ⅲ 张力仪），据此直接观察读数而测定张力表读数，即

$$H = \varepsilon_1 \varepsilon_2 (H_0 + W h_1) - \varepsilon_2 W h_2$$

式中　ε_1——一架空线挂线滑车的阻力系数；

　　　ε_2——起重滑车的阻力系数；

　　　H_0——一架空线的水平张力，kg；

　　　W——架空线单位长度质量，kg/m；

　　　h_1——在水平张力 H 作用下，紧线操作档内架空线最低点与操作塔上架空线悬挂点间高差，m；

　　　h_2——地滑车与操作塔上架空线悬挂点间高差，m。

第八节　导地线的连接操作

一、钳压连接

1. 钳压操作前准备工作

（1）清洗导线和钳压管。按一般要求所述清洗导线和压接管，压接管内壁可用带钩的细铁钎勾住蘸汽油纱头清洗，压接管如已清洗，在管两端封以纱头后带到现场。

（2）压接管检查划印。检查连接管是否与导线同一规格，连接管有无裂纹毛刺，是否平直，其弯曲度不得大于1‰，然后在压接管上按图 2-35 和表 2-9 所示的尺寸用红铅笔画好印，编出程序。

表 2-9　　　　　　　　　钢芯铝绞线钳压压口数及压后尺寸　　　　　　　　单位：mm

管型号	适用导线		压模数	压后尺寸 D	钳压部分尺寸		
	型号	外径			a_1	a_2	a_3
JT—95/15	LGJ—95/15	13.61	20	29.0	54	61.5	142.5
JT—95/20	LGJ—95/20	13.87	20	29.0	54	61.5	142.5
JT—120/20	LGJ—120/20	15.07	24	33.0	62	67.5	160.5
JT—150/20	LGJ—150/20	16.67	24	33.6	64	70.0	166.0
JT—150/25	LGJ—150/25	17.10	24	36.0	64	70.0	166.0
JT—185/25	LGJ—185/25	18.90	26	39.0	66	74.5	173.5
JT—185/30	LGJ—185/30	18.88	26	39.0	66	74.5	173.5
JT—240/30	LGJ—240/30	21.60	14×2	43.0	62	68.5	161.5
JT—240/40	LGJ—240/40	21.66	14×2	43.0	62	68.5	161.5

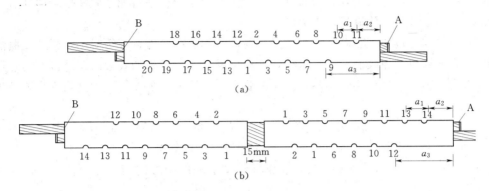

图 2-35 钳压连接图

(a) LGJ—95/20 钢芯铝绞线；(b) LGJ—240/40 钢芯铝绞线

A—绑线；B—垫片；1、2、3、…—操作顺序

（3）检查钳压器和钢模。检查机具是否齐全完好，复核钢模尺寸，调整钳压器止动螺丝，使两模间椭圆槽的长径，要比钳压管压后标准直径小 0.5～1.0mm。

（4）穿管。导线两端绑以细丝，将一根导线穿入连接管，伸出管口 20mm 以内。放好衬垫后在另一端穿入导线，导线塞入方向应从管上缺印记一侧穿入，连接后端头绑线应保留。

2. 钳压操作

当钳压操作前准备工作完成无误后，可将导线连接管放进钢模内，自第一模开始，按次序顺序压接，每模压下后应停留 30s。钢芯铝绞线应从中间开始，依次先向一端，一上一下交错钳压，再从中间向另一端，上下交错钳压。LGJ—240 钢芯铝绞线的连接，必须用两只连接管，从中间向一端上下交错钳压，再钳压另一连接管。

钳压结束后，检查连接管弯曲度不大于 2%，钳压口数，压口间距 a_1、压口端距及压后尺寸 D 必须满足表 2-9 要求，压后尺寸允许偏差为 ±0.5mm。

现行验收规范取消了在现场作同长电阻比及半管电阻比测试规定，但是线路运行规程中仍有此项调试。规范也取消了在管口涂防潮漆的要求。这是实践证明这些项目是没有必要的。

二、液压连接

（一）液压操作前准备工作

（1）设备检查。液压设备应检查其完好程度，油压表要定期校核。应用精度 0.02mm 游标尺测量。

（2）材料检查。检查导线、地线、液压接续管、耐张线夹规格，应与工程设计相同，并符合国家标准的规定。

（3）清洗。按压接一般要求清洗。锌芯钢绞线清洗长度应不短于穿管长 1.5 倍。钢芯铝绞线清洗长度，对先套入铝管端不短于铝管套入部位，对另一端应不短于半管长的 1.5 倍。对已运行过旧导线应先用钢丝刷将表面灰黑色物质全部刷去，然后涂电力脂再用钢丝刷擦刷。补修管补修导线前，其覆盖部分导线表面用干净棉纱将泥土脏物擦干净即可，如有断股，应在断股两侧涂刷少量电力脂。

（4）穿管和定位印记量画。本工艺规程强调除钢芯搭接外，穿管时一定要顺线股的绞制方向旋入，恢复到原绞制状态。这样，不仅可减少压后管外的线股出现鼓包，而且可以保证握着力。本工艺现程还强调画定位印记要求，并压前一定要检查。这两点是要必须注意的。

1）镀锌钢绞线穿管时，用钢尺测量接续管的实长 l_1，用钢尺在镀锌钢绞线端头向内量 $OA=1/2l_1$ 处作印记 A，穿管后两线上 A 印记与管口重合。

2）镀锌钢绞线耐张线夹穿管时，将钢绞线端口顺绞制方向旋转穿入管口，直到线端头露出 5mm 为止。

3）钢芯铝绞线钢芯对接式接续的穿管，如图 2-36 所示。

自钢芯铝绞线端头 O 向内量 $1/2l_1+\Delta l_1+20mm$ 处以绑线 P 扎牢（可取 $\Delta l_1=$ 10mm）；自 O 点向内量 $ON=1/2l_1+\Delta l_1$ 处作割铝股印记 N；松开原钢芯铝绞线端头的绑线，为了防止铝股剥开后钢芯散股，故松开绑线后先在端头打开一段铝股，将露出钢芯端头以绑线扎牢。然后用切割器切割铝股。切割内层铝股时，只割到每股直径 3/4 处，然后将铝股这股掰断。

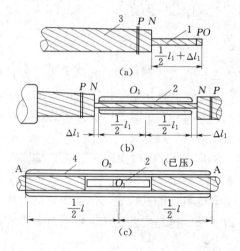

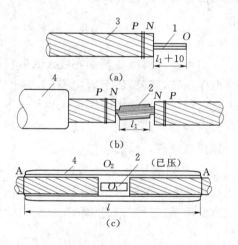

图 2-36 钢芯铝绞线钢芯直线对接式连接
1—钢芯；2—钢管；3—铝线；4—铝管

图 2-37 钢芯铝绞线钢芯搭接式直线接续
1—钢芯；2—钢管；3—铝线；4—铝管

首先自钢芯铝绞线一端套入铝管；松开剥露钢芯上绑线，按原绞制方向旋转推入直到钢芯两端相抵，两预留 Δl_1 长度相等；钢管压接好后；找出钢管中点 O，向两端铝线上各量出铝管长的 1/2 处作印记 A；画印应在已涂好电力脂，擦刷氧化膜后进行；最后将铝管顺铝绞线绞制方向推入，直到两端管口与铝线上定位印记重合。

4）钢芯铝绞线钢芯搭接式接续管的多管如图 2-37 所示。其方法步骤和上相似，但铝股割线长度 $ON=l_1+10mm$，它剥铝股时不必将钢芯端头扎牢，钢芯穿钢管时要呈散股扁圆形相对塔接穿入，直至两端钢芯在钢管对面各露 3～5mm 为止。

5）钢芯铝绞线与相耐张线夹的穿管如图 2-38 所示。剥铝股割线长度为 $ON=l_1+\Delta l$

+5mm；套好铝管后，将剥露的钢芯自钢锚口旋转推入，直到钢锚底口露出 5mm 钢芯；钢锚压好后，自铝线端口 N 处，向内量 $NA = L_Y + f$（L_Y 为铝线液压长度），在 A 处画一定位印记；画好印记清除氧化膜后将铝管顺铝股绞制方向旋转推入钢锚侧，直到 A 印记和铝管管口重合为止。

6）钢芯铝绞线（GB 1179）与耐张线夹（GB 2320）的穿管，如图 2-39 所示。它和上面不同之处为：铝股割线长度不露出钢芯，故为 $ON = l_2 + \Delta l$；钢锚压好后，距最后凹槽 20mm 记 A；自 A 向铝线测量铝管全长作印记 C；将铝管顶铝股绞制方向推向钢锚侧。直到和印记 A 重合，另一侧管口和 C 相平；如采用如图 2-39（e）所示铝管时，钢锚压好后，在铝管上自管口量 $L_Y + f$，在管上画好压印记 N，同时涂电力脂及清除氧化膜后在铝线上作定位印记 C；将铝管顺铝股绞制方向旋转推向钢锚侧，直到铝管口露出定位印记 C 为止。

（二）液压操作

压接操作中直线接续管压接方向只能由中间向管口施压，耐张线夹从固定端向管口施压，这样线可使长伸长的小，弧垂影响小。施压时不能以合模为准，要每模达到规定的压

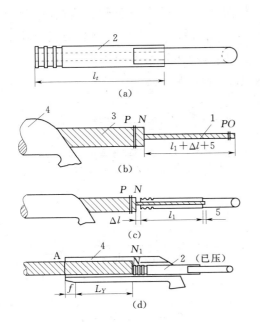

图 2-38　钢芯铝绞线相应的耐张线夹穿管
1—钢芯；2—钢锚；3—铝线；4—铝管；
5—引流板；f—拔梢部分长

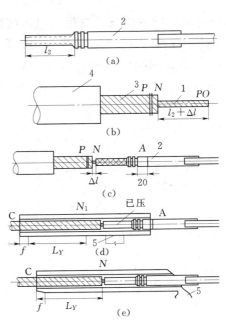

图 2-39　钢芯铝绞线和耐张线夹穿管
1—钢芯；2—钢锚；3—铝线；4—铝管；
5—引流板；f—拔梢部分长

力，且不必对最大压力保持一段时间。施压时油压机应放平，压接管放入钢模后，两端线也要端平以防压后管子弯曲。第一模压好后应用标准卡尺检查压后的边距尺寸，符合标准后再继续压接，两模间至少重叠 5mm。管子压完后有飞边，应锉掉飞边，铝管控成圆弧状，500kV 线路上压接管，除锉掉飞边外还应用砂纸磨光，飞边过大而使边距尺寸超过规定时，应将飞边锉去后重新施压。钢管压后，锌皮脱落者，不论是否裸露于外部，均涂以富锌漆，以防生锈。

钢芯铝绞线对接式钢管液压，第一模压模中心与钢管中心重合，然后分别向管口端部依次起压，对钢芯铝绞线对接式铝管，如图2-40所示。内有钢管部分的铝管不压。自铝管上印有 N_1 印记起压，如铝管上无起压印记 N 时，在钢管压后测其铝线两端头距离，在铝管上先画好起压印记 N，如图2-41所示。

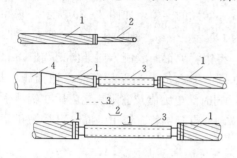

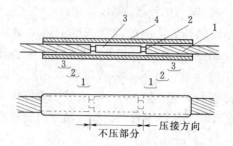

图2-40　直线接续管钢管压接

1—钢芯铝线；2—钢芯；3—钢管；4—铝管

图2-41　直线接续管铝管压接

1—钢芯铝线；2—钢芯；3—钢管；4—铝管

钢芯铝绞线耐张线夹液压钢锚压接操作，如图2-42所示，原则仍为钢锚依次向管口端施压铝管上应自铝线端头处向管口施压，然后再返回在钢锚凹槽处施压，如铝管上没有起压印记 N 时，应在铝管上画好起压印记，耐张铝管的压接，如图2-43所示。

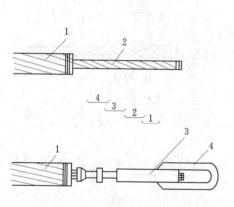

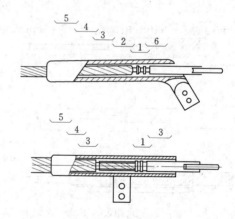

图2-42　耐张钢锚压接

1—钢芯铝线；2—钢芯；3—钢锚；4—拉环

图2-43　耐张铝管压接

对清除钢芯上防腐剂的钢管，压后应将管口及裸露于铝线外的钢芯上都涂以富锌漆，以防生锈。

（三）液压质量检查

各种液压管压后对边距尺寸 S 的最大允许值为

$$S = 0.866 \times 0.993D + 0.2$$

式中　D——管外径，mm。

但三个对边距只允许有一个达到最大值，超过此规定时应更换钢模重压。

三、爆炸压接

1. 割线

切割前应详细检查线材和连接管，有无缺陷，是否配套、尺寸是否正确。

切线时，在切口两侧用绑线扎牢，以防散股。切口平面和线轴垂直切口整齐，不伤钢芯。大截面导线爆压时在铝线端头留 10mm 长内层铝股台阶，穿线时要将这个台阶内层铝股穿入直线钢管或耐张钢锚端部的防护孔内。

切割镀锌钢绞线时，应用钢锯锯断、将锯口处毛刺用锉刀修平。钳压管截短改为椭圆形爆压管时锯口应平直，端口内用锉刀倒角，以防爆压时损伤端口内线股。

2. 清洗

爆压和液压的主要区别之一是爆压所用压接管和架空线连接处不准有油和水。

带防腐油导线清洗时，要将需要长度铝股剥开；用浸有汽油的棉纱头，将铝线上油污擦净；将带油钢芯浸入汽油槽内，用棉纱抹擦和浸刷；再浸入干净汽油槽内第二次浸刷，并用棉纱头对钢芯及散股铝线清洗擦净；最后将导线按原捻回方向复原，在端头上绑铁丝以固定。

不带防腐油的导线、刷去泥土、灰尘后，还应用汽油清洗表面油污，最后用细钢丝刷将铝线表面氧化物刷除、擦干净、压接管施爆前，也要用汽油洗净。

所有汽油洗过的压接管和架空线，必须待汽油完全挥发以后，才能进行穿线、施爆，以免爆压后造成压接管鼓包。

3. 压管保护层

为防爆压后铝爆压管烧伤，保持光洁、美观，所以铝管表面应加保护层。使用太乳爆压铝管浸石蜡松香溶液，石蜡和松香质量相等，溶液温度控制一般在 70～85℃ 之间，但夏季为 60～70℃ 之间，浸粘时管口堵严实，均匀浸入后取出晾干，反复数次，使保护层均匀涂到 1.5～2mm 厚度为止。使用导爆索时，可将黄板纸浸湿后在管外包 2～3 层；也可用塑料带在管外包 5～6 层，再缠一层黑胶布，要求保护层厚度约 3mm。

钢绞线爆压管外面包 2～4 层塑料带或黑胶布即可。修补管表面缠 3～4 层黑胶布或塑料带做保护层。

椭圆型铝搭接管的两端，包药之前应增缠 3～4 层黑胶布，长约 30mm，以改善缩口的形状。

所有保护层长度均应大于药包长度 5～10mm，包缠时力求紧密、均匀。

4. 包药和裁药

导爆索要按规定尺寸紧密缠绕，方向和保护层缠绕方向一致，要防止导爆索在缠绕时发生硬弯、硬折。

各种管型均采用直接包贴式装药，药片要紧贴在管上，接缝处不得有空隙，也不得有重叠，为防止爆压后由于药包接缝间有缝隙而出现纵向皱纹，在药包接缝两侧均涂上橡胶水，等半分钟晾干后，将药块包在管子上，把接缝压贴，这样药包的接缝处完全密贴。基准药包和附加药包必须按规定包贴或缠绕。不得随意改动。太乳药片包钢绞线压接管两层时，每层药片的接口不得重合在一起，包补修管时其药片的接口要在插条的背面。

裁药时，如因工艺误差使药片宽度小于圆周尺寸 5mm 以内，允许药片适当拉伸，大于 5mm 应另行裁药，裁药必须用快刀在木板或橡皮板上划裁，严禁用剪刀或在钢板上裁药。

5. 画印、剥线与穿线

架空线穿入压接管长度及位置正确与否，是无法用肉眼直接判定的，所以和液压一样，在穿线之前，在架空线上适当位置作印记，便于检查、核对。

此外，为了防止爆压过程中，"烧"伤管内钢芯，按新型爆压管要求，必须将直线钢芯管和耐张钢锚端头处钢芯加以覆盖保护。其方法是在铝线端头留 10mm 的内层铝股台阶。穿线时，将这台阶形内层铝股穿入直线钢芯管或耐张钢锚端部防护孔内。直线、耐张接续管中导线切割及穿线如图 2-44 和图 2-45 所示。

地线接续管和耐张管，钢芯铝绞线钳压式接续管和跳线管因不需剥线，故其画印尺寸（由端头量），如表 2-10 所示。

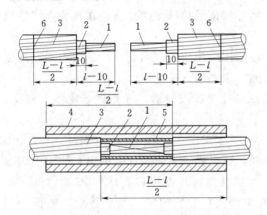

图 2-44 直线钢芯铝绞线切割及穿线方法示意
1—钢芯；2—铝股台阶；3—钢芯铝绞线；4—直线铝管；
5—直线钢芯管；6—铝管端头位置线；
L—铝管长；l—钢芯管长

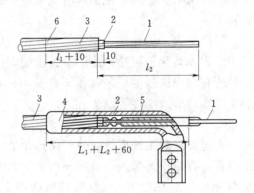

图 2-45 耐张管钢芯铝绞线切割及穿线方法示意
1—钢芯；2—铝股台阶；3—钢芯铝绞线；
4—耐张铝管；5—耐张钢锚；6—铝管
端头位置线；L_1—铝线压缩长度；
L_2—钢芯压缩长度；l_2—钢锚孔深

表 2-10 各种连接管画印尺寸表

连接管名称	连接方式	画印尺寸
钢绞线连接管	搭接式	搭接管全长+10mm
	对接式	搭接管全长/2
钢绞线耐张管		穿线长度
钢芯铝线接续管	钳压式	钳压管全长/10mm
钢芯铝线跳线管		穿线长度

穿线时要再一次检查管内和线表面是否有油污、水分或泥沙。

"钳压式"接续管和地线接续管的穿线方法、要求与钳压、液压部分完全相同。大截面钢芯铝绞线接续管和耐张管的穿线基本方法和要求也与液压部分相同，但在穿钢芯管或钢锚时，保护钢芯的铝台阶上应全部穿入钢芯管或钢锚的防护孔。钢芯管或钢锚与铝线端头之间不得留有空隙。

穿线时要做到管端和线上画印标记对齐；药包位置不得移动或滑动；穿线时不得损伤导线。

6. 引爆

引爆前，应将包好的药包压接管，连同附近导线、地线用支架或其他方式牢固支承，高出地面 1m 以上，并适当绑扎牢固，以免爆炸时地面反射波作用使压接管弯曲。

椭圆型导线搭接时，雷管置于副线一端，以保护主线。有引流板的耐张压接时，雷管放在引流板同侧导线端，以便于排气和避免爆炸波对引流板的影响。对接连接时，雷管均置于中间，以得到两端对称的细脖。

雷管不得放在药包接缝处，以免造成残爆。使用太乳炸药雷管和药包贴合长度为 5～10mm，用黑胶布将其紧贴药包。中间引爆的雷管轴线和药包垂直，一端引爆的两者平行10mm 左右。使用导爆索应将导爆索端引伸下 100mm，用黑胶布将雷管与导爆索绞接在一起。导火索使用前应作燃速试验，确定导火索长度。点燃导火索前应再次检查药包与爆压管位置是否符合规定，爆压管的端头与导线、地线上标记是否重合，通知周围人群注意，操作人员点燃导火索后迅速撤离到安全地带。如遇瞎炮，应等 15min 后，再到瞎炮处检查原因进行处理。

7. 整理及检验

爆压结束后，操作人员应立即将导地线接头用棉纱头迅速将保护层擦净。严格检查压接管表面有无裂纹、烧伤、鼓包、弯曲、残爆等外部缺陷。在规定部位测量爆压后的缩径，鉴定爆压质量。

第九节　架空导线的固定方法

架空导线在绝缘子上通常用绑扎方法固定。绑扎方法根据绝缘子型式和安装地点不同而异，常用的绑扎方法有顶绑法、侧绑法、终端绑扎法和用耐张线夹固定导线法。

1. 铝包带

各种类型的铝质绞线，在绑扎或与线夹夹紧时，除并沟线夹及预绞丝护条外，安装时应在铝股外缠绕铝包带，铝包带应紧密缠绕，其缠绕方向应与外层铝股绞制方向一致，如图 2-46 所示。

绑扎时在导线绑扎处绑扎 150mm 长的铝带，所用的铝带的宽为 10mm，厚为 1mm；安装悬垂线夹、耐张线夹、防振锤所需铝包带总长度，可如表 2-11～表 2-13 所示，表中铝包带规格为1mm×10mm，铝包带前后露出线夹 10mm，其端头应回到夹口内压住。

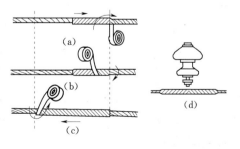

图 2-46　裸铝导线绑扎保护层

(a) 中间起端包缠；(b) 折向左边包缠；
(c) 折向右边包缠；(d) 包到中间收尾

表 2-11 安装悬垂线夹所需铝包带长度

单位：mm

导线型号	铝带包扎长度	所需包带长度
LGJ—25	220	610
LGJ—35	240	790
LGJ—50	240	880
LGJ—70	240	1015
LGJ—95	260	1280
LGJ—120	260	1425
LGJ—150	260	1570
LGJ—185	290	1920
LGJ—240	290	2160

表 2-12 安装螺栓型耐张线所需铝包带长度

单位：mm

导线型号	铝带包扎长度	所需铝包带长度
LGJ—35	310	1000
LGJ—50	370	1320
LGJ—70	370	1520
LGJ—95	510	2440
LGJ—120	510	2690
LGJ—150	510	2980
LGJ—185	670	4310
LGJ—240	670	4850

表 2-13　安装防振锤所需铝包带长度

单位：mm

导线型号	铝带包扎长度	所需铝包带长度
LGJ—35	80	320
LGJ—50	80	350
LGJ—70	80	410
LGJ—95	80～90	480
LGJ—120，LJ—120	100	610
LGJ—150，LGJJ—150，LGJQ—150，LJ—150	100	670
LGJ—185，LJ—185，LGJJ—185，LGJQ—185	100	730
LGJ—240，LGJJ—240，LGJQ—240	100	810
LGJ—300，LGJJ—300，LGJQ—300	110	1000
LGJ—400，LGJJ—400，LGJQ—400	110	1100

2. 顶绑法

直线杆针式绝缘子上的绑扎固定即用顶绑法，绑线的材料应与导线材料相同，其直径在 2.6～3mm 范围内。绑扎步骤如下：

（1）把绑线绕成卷，在绑线的一端留出一个长为 250mm 的短头，用短头在绝缘子左侧的导线上绑扎 3 圈，方向是从导线外侧经导线上方，绕向导线内侧，如图 2-47（a）所示。

（2）用绑线在绝缘子颈部内侧绕到绝缘子右侧的导线上绑绕 3 圈，其方向是从导线下方经外侧绕向上方，如图 2-47（b）所示。

（3）用绑线在绝缘子颈部外侧，绕到绝缘子左侧的导线上再绑绕 3 圈，其方向是由导线下方经内侧绕向上方，如图 2-47（c）所示。

（4）用绑线在绝缘子颈部内侧绕到绝缘子右侧的导线上，并再绑绕 3 圈，其方向是从导线下方经外侧绕向导线上方，如图 2-47（d）所示。

（5）用绑线从绝缘子外侧绕到绝缘子左侧导线下面，并从导线内侧下来，经过绝缘子顶部交叉压在导线上。然后，从绝缘子右侧导线内侧绕到绝缘子颈部内侧，并从绝缘子左侧导线的下侧，经导线侧上来，经过绝缘子顶部交叉压在导线上，此时在导线上已有一个十字叉。

（6）重复以上方法再绑一个十字叉，把绑线从绝缘子右侧导线内侧，经下方绕到绝缘子颈部外侧，与绑线另一端的短头。在绝缘子外侧中间扭绞成 2～3 圈的麻花线，把余线剪去，留下部分压平，如图 2-47（e）所示。

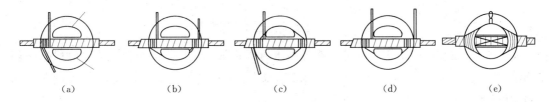

（a） （b） （c） （d） （e）

图 2-47 顶绑法
（a）～（e）不同步骤

3. 侧绑法

侧绑法是转角杆针式绝缘子上的绑扎方法，用这种绑扎方法时，导线应放在绝缘子颈部外侧，（若直线杆的绝缘子顶槽太浅，无法采用顶绑法时，直线杆也可以采用侧绑法的绑扎方法）。导线在进行侧绑法时，首先在导线绑扎处同样要绑扎一定长度的铝带。

（1）把绑线绕成卷，在绑线一端留出 250mm 的短头，用短头在绝缘子左侧的导线上绑绕 3 圈，方向是从导线外侧，经过导线上方，绕向导线内侧，如图 2-48（a）所示。

（2）绑线从绝缘子颈部内侧绕过，绕到绝缘子右侧导线上方，交叉压导线上，并从绝缘子左侧导线的外侧经导线下方，绕到绝缘子颈部内侧，接着再绕到绝缘子右侧导线的下方，交叉压在导线上，再从绝缘子左侧导线上方，绕到绝缘子颈部内侧，如图 2-48（b）所示。此时，导线外侧形成一个十字叉。随后重复上述方法再绑一个十字叉。

（3）把绑线绕到右端导线上，并绑绕 3 圈，方向是从导线上方绕到导线外侧，再到导线下方，如图 2-48（c）所示。

（4）把绑线从绝缘子颈部外侧，绕回到绝缘子左侧导线上，并绑绕 3 圈，方向是从导

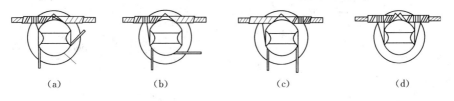

（a） （b） （c） （d）

图 2-48 侧绑法（单位：mm）
（a）～（d）不同步骤

线下方，经过外侧绕到导线上方。然后经过绝缘子颈部内侧，回到绝缘子右侧导线上，并再绑绕3圈，方向是从导线上方，经外侧绕到导线下方。最后回到绝缘子颈部内侧中间，与绑线短头扭绞成2～3圈的麻花线，把余线剪去，留下部分压平，如图2-48（d）所示。

4. 终端绑扎法

终端绑扎法是终端杆蝶式绝缘子的绑扎方法，如图2-49所示。其操作步骤如下：

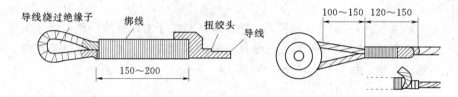

图2-49　终端绑扎法（单位：mm）

（1）首先在与绝缘子接触部分的铝导线上绑以铝带，然后把绑线绕成卷，在绑线一端留出一个短头，长度为200～250mm（绑扎长度为150mm时，短头长度为200mm；绑扎长度为200mm时，短头长度为250mm）。

（2）把绑线短头夹在导线与折回导线之间，再用绑线在导线上绑扎。第一圈应距蝶式绝缘子表面80mm，绑扎到规定长度后与短头扭绞2～3圈，把余线剪去并压平。最后，把折回导线向反方向弯曲。

5. 用耐张线夹固定导线法

此法如图2-50所示，操作步骤如下：

（1）用紧线钳先将导线收紧，使导线弧垂比所要求的数值稍小些。然后在导线需要安装线夹的部分，用同规格的线股缠绕，缠绕时，应从一端开始绕向另一端，其方法应与导线外层线股缠绕方向一致，缠绕长度应露出线夹两端10mm。

（2）卸下线夹的全部U型螺栓，使耐张线夹的线槽紧贴导线缠绕部分，然后装上全部U型螺栓及压板，并稍拧紧。最后按图2-50所示的1、2、3、4顺序拧紧。在拧紧过程中，要使线夹受力均匀，不要使线夹的压板偏斜和卡碰。

最终导线在终端上的固定如图2-51所示。

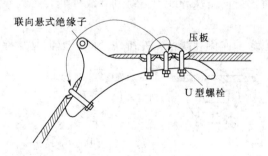

图2-50　耐张线夹固定法

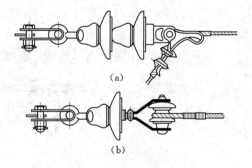

图2-51　终导线的固定
（a）耐张线夹固定；（b）蝴蝶瓷瓶固定

第十节 附 件 安 装

线路挂线后，应在 13 天内进行附件安装，防止导线、避雷线受振动损伤，否则应采取临时防振措施。附件安装前应对紧好线的两端杆塔再次检查调整，目测三相导线、两根地线弧垂是否一致，直线杆塔、横担及绝缘子串有无倾斜。如不符合规定，不能进行附件安装。

相邻两杆同时进行附件安装，应错开相别，以不致因吊线时位置移动发生误差。施工线路交叉或平行接近带电线路，工作人员登杆作业时，应做好临时接地后再进行工作，以防感应电击。在下一耐张段未挂线前，本段之附件安装，最后应留 2～3 档暂不进行，以免因耐张杆倾斜，致使绝缘子串过分歪斜。

一、悬垂线夹的安装

悬垂线夹的安装主要是将架空线从放线滑车内吊出固定于悬垂绝缘子串下的线夹内，所以挂放线滑轮若另用金属线悬拉时，要使滑轮尽可能与悬垂线夹相同高度，以便于将导线移入线夹。铝线及钢芯铝线放入线夹前应包铝带两层，顺导线外层铝股方向缠绕铝包带衬垫，并使包带露出线夹两端各 30mm，且断头应夹在线夹内。

小截面导线卡线前在处于静止状态时，用红铅笔在悬垂线夹中心处的线上画出印记，然后用人力肩抬或以双钩紧线器一端挂在横担上绳套，另一端勾住导线（钩子挂胶，裹上铝带或软布，以防轧伤导线），收紧双钩，使导线脱离滑轮，按画印中心位置移入线夹中心进行安装。也可视导线垂直荷重大小，施工方便，采用链条葫芦或滑轮组，由杆下人员配合提线。最终，将缠好铝包带的导线装入线夹之中。导线画印位置应固定在线夹中间位置。

线夹安装完毕后，悬垂绝缘子串应垂直地面，个别情况下，其在顺线路方向与垂直位置倾斜角可不超过 5°，且其最大偏移值不应超过 200mm。10kV 线路一般采用绑扎法将导线固定在绝缘瓷瓶上。

线路通过山区，连续上坡或连续下坡档的耐张段，由于杆塔两侧水平拉力不同，致使导线滑轮发生倾斜。下坡侧各档线松，其导线弧垂大于设计值，水平张力较设计值小。而上坡侧各档线紧，其导线弧垂小于设计值，水平张力较设计值大。应在导线、地线紧线时按正常办法观察弧垂，而在安装悬垂线夹时，按设计中计算求得的每基直线塔上调整距离安装线夹。

所谓调整线夹安装位置，就是在安装线夹时将低应力档导线向高应力档审动。各档调整距离量均从悬挂点 B 作垂线和导线交点 C 点起算，如图 2-52 所示。设计给出 $+\Delta L$，则自 C 点向低侧量取得 D 点，反之，若设计给出 $-\Delta L$，则自 C 点向高侧量取得到 E 点，B 或 C 点即为线夹中心位置。

二、防振锤或阻尼线的安装

防振锤安装距离 S 在直线杆上从悬垂线夹出口开始起算，耐张杆上从耐张线夹出口开始起算，如图 2-53 所示。防振锤型号，个数和安装尺寸 S 的值由设计计算中求得。

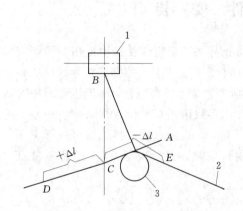

图 2-52 悬垂线夹安装位置调整
1—横担；2—导线；3—放线滑轮

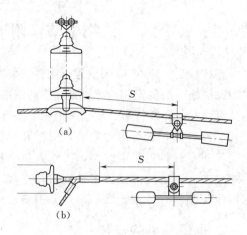

图 2-53 防振锤安装位置示意
(a) 用于直线悬垂绝缘子；(b) 用于耐张绝缘子串

防振锤在导线上固定方法和悬垂线夹相同，其安装误差应不大于±30mm。固定防振锤夹板的螺栓应用弹簧垫圈拧紧，以防由于振动使防振锤沿导线滑动。防振锤安装后应在导线、地线下方同一垂直平面内，而且连接锤头的钢绞线应该平直，不得扭斜。

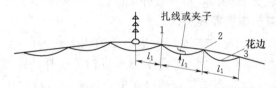

图 2-54 阻尼线安装示意

阻尼线是用一段与导线型号相同的导线或挠性好的钢绞线按"花边状"悬挂于导线固定的两侧，如图 2-54 所示。阻尼线相当于多个防振锤的作用，能将振动波所带能量逐步衰减掉，与防振锤的安装一样都需按设计规定来设置。

三、预绞丝线条安装

预绞丝用于悬垂线夹的称预绞丝护线条，可以减少导线弯曲应力，其代表符号为 FYH，用于补修导线的预绞丝称预绞丝补修条，其代表符号为 FYB。其外形如图 2-55 所示。

预绞丝是一种有弹性的铝合金丝，螺旋状的制品，每组有 13～16 根，其弯扭捻角在 20° 左右。

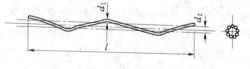

图 2-55 预绞丝外形

安装时每条的中心线与线夹中心应重合，对导线包裹应紧固，应单根预绞丝从中心按外层捻回方向沿导线向两端缠绕紧。逐根缠绕预绞丝，注意用力不应过大，以免预绞丝失去弹力，导致降低预绞丝与导线的握着力而失效。

安装、检修预绞丝很方便，不需要任何工具，且检查预绞丝内部导线是否断股等缺陷时，拆除后的预绞丝仍可重新缠绕使用。

预绞丝尺寸应符合表 2-14 所示。

表 2 – 14   预 绞 丝 的 主 要 尺 寸

预绞丝型号	适用导线型号	导线外径（mm）	主要尺寸（mm）			每组根数	质量（kg）
			d_1	d_2	l		
FYB—95 FYH—95	LGJ—95	13.68	3.6	11.6	420 1400	13	0.16 0.53
FYB—120 FYH—120	LGJ—120	15.20	3.6	12.9	450 1400	14	0.18 0.57
FYB—150 FYH—150	LGJ—150	16.72		14.2	480 1500	16	0.20 0.64
FYB—185 FYH—185	LGJ—185	19.02	4.6	16.2	580 1800	14	0.40 1.26
FYB—240 FYH—240	LGJ—240	21.28		18.1	640 1900	16	0.49 1.44
FYH—300	LGJ—300	25.2		20.5	2000	13	2.34
FYH—300J	LGJJ—300	25.68		20.5	2000	13	2.34
FYH—400	LGJ—400	27.68		23.8	2200	14	2.80
FYH—400J	LGJJ—400	29.18	6.3	23.8	2200	14	2.80
FYH—300Q	LGJQ—300	23.70		20.0	2000	13	2.34
FYH—400Q	LGJQ—400	27.36		23.0	2200	14	2.80
FYH—500Q	LGJQ—500	30.16		25.7	2500	16	3.50

四、锥形护线条安装

LGJ—70 以下导线均缠铝包带后放入悬垂线夹，LGJ—95 及以上导线可用护线条保护导线再放入悬垂线夹，可以兼起防振效果。但投资高、工艺复杂，现除跨越江河大档距上外已较少使用。

锥形护线条每组 10 根，安装时要用特制捻回器（又称护线条绞手）进行操作，先将半数护线条放入线夹槽内，护线条中心应处在线夹槽中心，然后将线夹同槽内排齐的护线条贴紧导线，再把其余护线条覆在导线上面，排列整齐一层，中心临时结扎固定，再将护线条两端穿入捻回器内。两个人面对顺导线线股方向同时拧转捻回器，并逐步向外后退使护线条缠绕紧贴在导线上，最后在距尾端 40mm 处安装铝端夹。并把端夹外侧的护线条尾部回弯 180°。用木槌敲击，使其紧贴。捻回器，如图 2 - 56 所示。

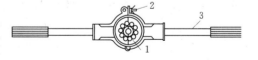

图 2 - 56 捻回器
1—捻回筒（可更换）；2—旋紧螺丝；3—把手

五、跳线安装

1. 跳线的连接方式

耐张塔两侧的导线紧好后，需将两侧导线加以连接才能保证电流的畅通，此段连接线称为跳线（又称引流线）。跳线按耐张塔型式、导线截面及线夹类型的不同，其连接方式也不同，一般可分为绕跳式和直跳式两类。

绕跳式连接方式，使用于导线直接挂于塔身的跳线的绕跳。如干字型耐张塔的中（上）相跳线绕跳等。直跳式跳线连接，按其所用耐张线夹不同和有无跳线串，可以分为三种类型：螺栓式线夹跳线连接、压接式线夹跳线连接、加挂跳线绝缘子串的跳线连接，如图2-57所示。另有加搭接线跳线连接方式，如图2-58所示。

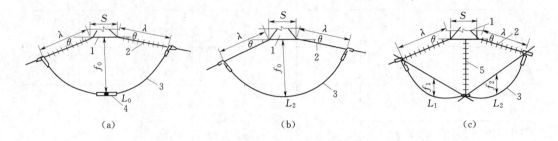

图2-57　直跳式跳线连接

(a) 螺旋式线夹跳线连接；(b) 压接式线夹跳线连接；(c) 加挂跳线串连接

1—横担；2—耐张串；3—跳线；4—跳线连接板；5—跳线串

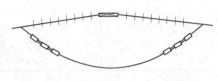

图2-58　另加搭接线连接的跳线

螺栓式线夹的跳线连接，一般不切断导线，跳线两侧线头直接用并沟线夹连接，或采用压接式跳线连接板连接；压接式线夹的跳线连接，跳线用跳线连接板与耐张线夹连接；加挂跳线绝缘子串的跳线连接，可以用螺栓式耐张线夹，也可以用压接式耐张线夹，跳线串的作用是保持跳线对杆塔的电气间隙确保线路安全运行。

2. 跳线的安装

软跳线应使用未经牵引的原状导线制作，应使原弯曲方向与安装后的弯曲方向一致，以有利造型自然美观。跳线的安装是一项细致的高空作业，安装工艺要求美观，悬链线状自然下垂，不得扭曲，空气间隙满足设计要求。铝制引流连板及并沟线夹连接面应平整、光洁。安装时耐张线夹引流连板光洁面必须与引流线夹连板光洁面接触；使用汽油清洗连接面及导线表面污垢，再涂上一层电力脂，用细钢丝刷清洗涂有导电脂表面氧化膜；保留电力脂并逐个均匀拧紧连接螺栓，螺栓扭矩应符合说明书所列数值。

六、间隔棒和均压屏蔽环

超高压输电线路上还有均压屏蔽环安装；分裂导线间隔棒安装。间隔棒安装要使用飞车，分为机动飞车和人力飞车两种。

第十一节　拉线制作和安装方法

拉线是由上把、中把和下把三部分组成的，如图2-59所示。

一、制作拉线上把

镀锌钢绞线制作上把的方法有缠绕法、U 型轧（钢线卡子）卡固定和 T 型拉线线夹，如图 2-60 所示。

（1）用缠绕法制作钢绞线接线，要先把钢绞线弯成圈鼻，然后用一根直径不小于 3.2mm 的镀锌铁丝进行缠扎，绕扎应整齐、紧密，缠绕长度不应小于表 2-15 的规定。

（2）U 型轧（钢线卡子）卡固制作钢绞线拉线，使用的 U 型轧应在三副以上。相邻的两副 U 型扎应相距 150mm，而且安装方向应相反。

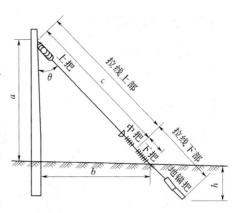

图 2-59 拉线示意

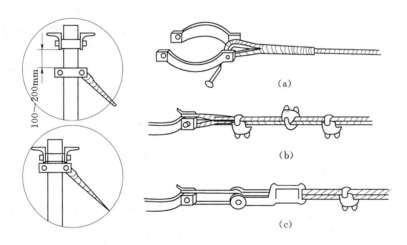

图 2-60 拉线上把的结构型式
（a）绑扎式上把；（b）U 型轧式上把；（c）T 型轧式上把

表 2-15　　　　　　　　　　镀锌钢绞线制作拉线缠绕长度最小值

钢绞线截面（mm²）	缠绕长度（mm）				
	上端	中端有绝缘子的两端	与拉棒连接处		
			下端	花缠	上端
25	200	200	150	250	80
35	250	250	200	300	80
50	300	300	250	250	80

（3）用拉线夹制作钢绞线，通常用 UT 型线夹，上把用锲型线夹，下把用 UT 型可调线夹，线夹后的线端部分，可用 U 型轧卡固定，也可用镀锌铁线绕轧。

除用拉线线夹制作的拉线外，其他的拉线在制作时两端的圈鼻内都应设置心形环，以保护拉线的线股。

二、制作拉线下把

下把的制作是在拉线的上把安装在混凝土杆上并进行收紧以后进行的。拉线的下把有可调节的和不可调节的两种，可调节的下把又分为花篮螺栓调节和用UT型线夹调节。采用花篮螺栓调节的下把，制作完后要用铁线将花篮螺栓绑扎牢固，以免被人误弄而使拉线松弛。如图2-61所示。

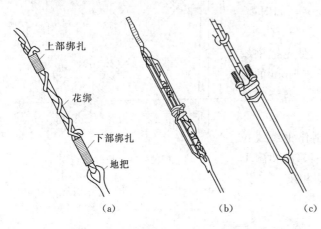

图 2-61 拉线下把的结构型式
(a) 绑扎下把；(b) 花篮螺栓下把；(c) UT 型线夹下把

拉线长度的近似公式

$$c = k(a+b)$$

式中 c——拉线地面上的长度；

k——系数，取 $0.71 \sim 0.73$；

a——拉线安装高度；

b——拉线与混凝土杆距离。

当 a 与 b 接近于相等时，k 值取 0.71；当 a 是 b（或 b 是 a）的 1.5 倍左右时，k 值取 0.72；当 a 是 b（或 b 是 a）的 1.7 倍左右时，k 值取 0.73。

(2) 制作并安装拉线上把。按需要制作相应类型的拉线上把，端头的圈窝内设置心形环（两端都要设置，除拉线线夹外），以保护拉线的线股。在混凝土杆上装设拉线抱箍，将上把拉线环放在拉线抱箍内，并用螺栓固定牢靠。

(3) 选做相应类型拉线下把，并埋设地锚（即拉线盘）。

(4) 按下料长度制作并安装拉线。安装拉线时，拉线与混凝土杆的夹角应符合施工图纸的规定，普通拉线通常取 45°，当受地形限制时，也不应小于 30°。然后安装拉紧绝缘子和花篮螺栓（或 UT 型可调线夹）。

(5) 收紧拉线。准备工作做好后，可慢慢收紧拉线绝缘子和花篮螺栓，到一定程度时，应检查一下杆身和拉线各部位。如无问题，再继续收紧拉线。

拉线的收紧要用紧线器进行。收紧拉线时，用紧线器的钳头夹紧拉线尾端，将紧线器尾绳（用细钢丝绳或直径为 3.2～4.0mm 的铁丝制作）缠绕固定在拉棒上，

三、安装拉线

(1) 计算拉线长度和下料长度。下料长度为拉线长度减去拉线棒（或地锚）出土部分的长度和花篮螺栓（或 UT 型可调线夹）的长度，再加上两端扎把折回部分的长度。

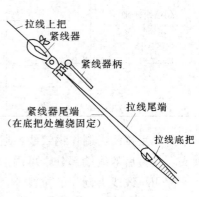

图 2-62 拉线紧线

转动紧线器的手柄，使紧线器尾绳卷绕在线轴上，拉线即被收紧，如图2-62所示。将收紧后拉线的尾端穿入拉线棒圈内（花篮螺栓或UT线夹内），再折回与本线并合，然后用铁丝绕扎或用U型轧卡固定做成下把。

在居民区内，混凝土杆上的拉线如果从导线层间穿过时，拉线上应安装拉线绝缘子，以防止拉线断线或松弛时，碰上带电导线而使拉线带电，造成对人畜的伤害，如图2-63所示。

（6）最后封缠花篮螺栓。一个完整的拉线组装图，如图2-64所示。

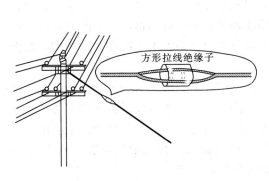

图 2-63　拉线绝缘子的安装

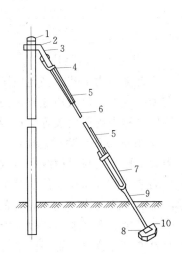

图 2-64　拉线的组装

1—混凝土杆；2—拉线抱箍；3—延长环；
4—锲型线夹；5—铁丝绑扎头；6—钢绞线；
7—UT型线夹；8—拉盘U型螺丝；
9—拉线棒；10—拉线盘

第十二节　接地装置的施工

一、接地体的埋置

1. 接地体的埋置型式

接地体是埋置在地下并与土壤接触的金属体。在输电线路工程中常用的接地体的埋置型式有垂直型接地体、放射型接地体、环型接地体和环型与放射型组合的接地体。

有避雷线的架空输电线路的每座杆塔位都应设置接地装置，其接地体的埋置型式应根据该塔位的土壤电阻率的大小来确定。对于在山地的岩石处的塔位土壤电阻率较大，接地电阻达不到要求，可以加长接地体来减小接地电阻值，根据实验每根接地体的长度超过60m后，再增长接地体接地电阻值则减小甚微，因此每根接地体的长度以60m为限。

2. 土壤电阻率

各种土壤的电阻率如表2-16所示。

土 壤 类 别	电阻率 ($\Omega \cdot cm$)
耕土、腐殖土、黏土、淤泥、黑土、泥沼地带、盐渍土	20×10^4
砂质黏土、潮湿砂土、黄土、细砂混合土、亚黏土、亚砂土	3×10^4
湿砂、风化砂、砂质壤土、对石混合砂土、河沙淤积地	6×10^4
干砂、含卵石和碎石的砂土、含硬质砂岩的亚黏土	10×10^4
卵石、碎石、风化岩石、风化泥质页岩	20×10^4
花岗岩、石英岩、石灰岩	20×10^4 以上

3. 大跨越高塔的接地装置

大跨越高塔为了减少接地电阻值，常采用两个接地装置的型式，一个接地装置是环型与放射型组合型的外接地装置；另一个接地装置是利用基础的钢筋（如灌注桩的钢筋）作为接地体，称为内接地装置。这两个接地装置分别用接地引下线接在铁塔塔脚的角钢处。

4. 架空输电线对通信线干扰

当架空输电线与通信线平行或接近时会使通信线受到干扰，为了减少输电线对通信线的干扰通常的做法除在通信线路上加装放电管外，还在与通信线平行或接近的架空输电线路地段架设屏蔽地线来减少对通信线的干扰。因屏蔽地线的杆塔是用绝缘子绝缘的，屏蔽地线终端直接引至接地体，故要求屏蔽地线终端处杆塔的接地电阻值在 11Ω 以下，为了满足此要求在屏蔽地线终端杆塔处可敷设较大的接地装置。

如果屏蔽地线终端杆塔在变电站旁，其接地网可以与变电所的接地网连接以减少屏蔽地线终端杆塔的接地电阻值。当屏蔽地线终端杆塔所在地的土壤电阻率较大，敷设接地装置仍满足不了所要求的电阻值时，可将架空地线引至土壤电阻较小的地方，再接至接地装置。

二、接地装置的施工

对于架空线路杆塔的接地装置，设计固然重要，然而施工这一环节也十分重要。因为架空线路要经过山川河流、地形往往十分复杂、交通不便利，施工难度较大。而接地工程又属于隐蔽工程，在工程完工后就不便检查，所以对架空线路的杆塔接地工程的施工，除了要按设计图纸施工外，还要制定便于操作的施工方案，由工程技术人员和工程质量监督人员对每道施工工序进行全过程的监督，认真把好工程质量关。只有这样，才能达到设计目的和设计要求。

对于杆塔接地装置的施工，首先按设计确定的布置型式和埋深，开挖地槽（又称接地槽），接地槽的宽度以便于开挖为准，一般取 $0.6 \sim 0.8m$；山地可取 $0.4m$。接地槽挖通后，将沟内石块、树根等杂物清理干净，并将沟底整平。然后放入接地体回填土并夯实。最后，测量接地电阻，如符合设计规定要求值，则作记录以备验收，如超过设计规定值，应进行处理，使之符合规定。详细步骤如下。

1. 按图放线定位

如果图纸设计与实际地形相符，且现场施工条件又方便，应严格地按图放线定位，特别是水平接地体和垂直接地体的定位。但现场情况往往十分复杂，特别是处于深山的杆塔，地形和地质给水平接地体的布置带来了许多限制，而线路杆塔又较多，设计部门往往只是提供粗框式的设计，有时现场根本不可能按图施工，如水平接地体的布局，有时设计人员可能没到现场，现场往往不能按规定的角度和方位布线，需根据现场实际情况具体调整，因而现场放线定位也就十分重要，现场对水平和垂直接地体的放线定位应遵守以下原则：

（1）如条件许可应按图放线，按图施工，不应与设计图纸有大的偏差。

（2）如现场条件所限不能按图定位时，应遵守以下原则：

1）水平接地体应尽量沿土层厚、电阻率低、土壤潮湿，便于施工的方位定位。

2）在倾斜地带应尽量沿等高线布局放射。

3）水平接地体之间应尽量远离，平行距离不宜小于5m，以便减小形状系数和屏蔽系数。

（3）接地体的铺设应平直。

2. 按图施工

（1）待放线定位后，开挖水平接地体的沟槽，如条件许可，水平接地体的沟槽应达到深为 0.8m，最少也应为 0.5m，在北方要根据冻土层的厚度，达到冻土层以下（例如 1.5～1.8m）。因为水平接地体只有在一定的深度下，降阻效果才能发挥出来，且不易受季节的影响，另外防腐效果也好得多。因为，地层深处土壤含氧量相对较低，接地体不易发生吸氧腐蚀。再者，接地体深埋后，一旦发生大电流流入地，地面的电位分布也较为均匀。

（2）待水平沟槽开挖好后，再按图纸上所标明的水平接地体的规格，铺设水平接地体，并在顶端打入垂直接地体，垂直接地体应垂直打入，并防止晃动。

（3）如土壤电阻率较高，设计中采用了降阻防腐剂或阴极保护措施，应按设计要求加入降阻剂或阴极保护材料，降阻剂和阴极保护的施工按降阻剂和阴极保护的说明施工。

（4）焊接，当水平接地体和垂直接地体铺设完毕后，对各焊接头应进行可靠的焊接，焊接应采用搭接焊接，对圆钢来讲，搭接的长度应为其直径的 6 倍，并应双面焊接，扁钢的搭接长度应为其宽度的两倍，并应四面焊接。焊口质量应符合要求不得有虚焊、假焊现象。当圆钢采用爆压连接时，爆压的壁厚不得小于 3mm，长度不得小于搭接时圆钢直径的 10 倍，对接时圆钢直径的 20 倍。接地引下线与接地体的连接应使用焊接或爆压连接。扁钢与钢管、扁钢与角钢焊接时，为了连接可靠，除应在其接触部位两侧进行焊接外，并应焊以由钢带弯成的弧形（或直角形）卡子或直接由钢带本身变成弧形（或直角形）与钢管（或角钢）焊接。接地线与杆塔的连接应用镀锌栓连接，应接触良好，以便于打开测量接地电阻。当引下线直接从架空避雷线引下时，引下线应紧靠杆身，并应每隔一定距离与杆身固定一次。对焊口要涂沥青进行防腐处理。对接地引下线，要从与水平接地体连接处直到与杆塔的连接螺栓处，全部刷沥青，或防锈漆和黑漆进行防腐处理，因为这部分由于防腐电位的不同最容易发生化学腐蚀。

（5）回填，当水平接地体、垂直接地体全部焊接完毕，降阻、防腐措施也施工完毕，经检查验收合格后，才能开始回填，回填要用细土回填，回填土内不得有石块和建筑垃圾等。外取的土不得有较强的腐蚀性。在回填土时应分层夯实，不准用砂石回填。

（6）地面处理，在回填完毕后，如是处于山坡，或斜坡地带，为了防止雨水冲刷造成水土流失，应在回填完毕后的地表栽植草皮进行保护。

（7）全部施工完毕后，经过一定时间再测接地电阻，检查是否都达到设计要求。

三、接地装置施工要求

（1）接地体和接地引下线材料要求。接地体和接地引下线的材料应符合设计要求，接地引下线的截面不小于 $50mm^2$；不同的接地体的最小规格为：圆钢直径 8mm、扁钢截面 48mm、厚度 4mm；角钢厚度 4mm、钢管壁厚 3.5mm。

（2）对接地体敷设的要求。接地体不得有明显弯曲、裂纹等缺陷，采用扁钢接地体，应将扁钢置于沟内，采用打入式垂直接地体（钢管或角钢）应尽量垂直打入并防止晃动，以保证接地体与土壤接触良好。

（3）水平放射接地体在丘陵、山区敷设要求。水平放射型接地体，在丘陵、山区敷设时，应沿等高线敷设，防止雨水冲刷露出接地体。

（4）接地体的连接。接地体长度不够时，可采用连接的方法来满足设计长度的要求，接地体的连接方式可采用焊接或爆炸压接。

（5）接地体的回填土。在接地体敷设完毕回填土时，应每埋厚 200mm 夯实一次。山区的回填，应清除石块并更换好土回填。回填土应高出地面 200mm，作为防沉陷层。

（6）接地引下线的连接。接地引下线应采用热镀锌导体，下端与接地体焊在一起，上端用连板与杆、塔用螺栓连接。

第三章 常用工器具及紧急救护法

第一节 施工中常用工器具

在杆塔整立施工中，工器具的牢靠是保证优质、高效、安全地完成立杆任务的重要条件。在架空电力线路外线操作及施工过程中主要常用的工器具外形图见图3-1～图3-8。主要工器具的职能如下：

（1）蹬高板。用来攀登混凝土杆，由板、绳和挂钩组成。板是采用质地坚韧的木材制成，绳通常用16mm的三股白棕绳制成。蹬板和白棕绳应能承受300kg的质量，而且每半年要进行一次载荷试验。

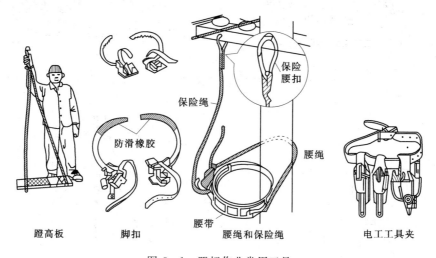

图3-1 蹬杆作业常用工具

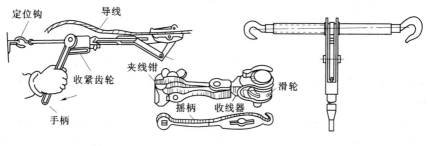

图3-2 紧线器

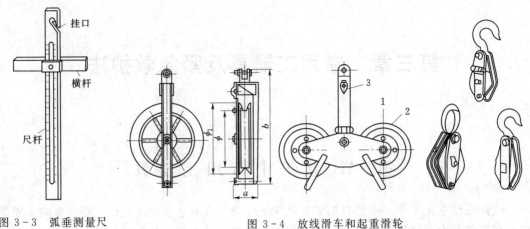

图 3-3 弧垂测量尺

图 3-4 放线滑车和起重滑轮
1—滑车架；2—滑轮；3—开门销

图 3-5 压接嵌

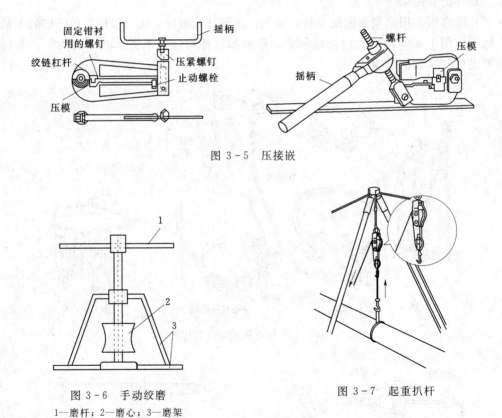

图 3-6 手动绞磨
1—磨杆；2—磨心；3—磨架

图 3-7 起重扒杆

（2）脚扣。是攀登混凝土杆的工具。铁齿扣环用来登木杆，在扣环上裹有橡胶，用来登混凝土杆。

（3）腰带、保险绳和腰绳。腰带是用来系挂保险绳、腰绳和吊物绳的，使用时应系在臀部上部，保险绳一端要可靠的系结在腰带上，另一端用保险绳钩挂在牢固的横担抱箍上；腰绳是用来固定人体下部，应系结在混凝土杆的横担下方。

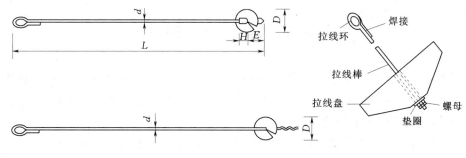

图 3-8 地锚和地钻

（4）电工工具夹。用来插常用工具，由皮带系结在腰间。

（5）吊绳和吊篮。是杆上作业时用来传递零件和工具的用品。

（6）紧线器。紧线器是用来收紧线路导线和混凝土杆拉线的工具。紧线器由夹线嵌头、定位钩、收紧齿轮和手柄等组成。使用紧线器时，定位钩必须钩住架线或横担，夹线钳头夹住需要收紧导线的端部，然后扳动手柄，将导线中间收紧。这种紧线用在10～35kV 及以下紧线施工中。在高压输电线路中常用有双钩紧线型紧线器、链型紧线器。

（7）导线弧垂测量尺。用来测量架空线导线弧垂。

（8）滑轮。用来吊升和搬运各种较重的设备或部件。有单轮和滑轮组。在架空线路施工中，也利用开口滑轮来施放导线，称为滑车。这种滑轮不同于起重用滑轮，其通常用硬木或铝合金制成。这样在放线中不会磨损导线。滑轮有单轮、双轮和四轮。

（9）压接钳。有钳头、压模、螺杆和摇柄等组成。其作用在施工中用作连接导线、地线。有鲤鱼钳、YT—1 型钳压器、CY 型导线压接机，其关键部件基本一致。

（10）绞磨。由手动和机动两种，一般由磨架、磨心和磨杆等组成，是立杆、架线等的牵引。同绞磨机作用一致的有卷扬机等。

（11）起重扒杆。是电力线路施工中用起重吊装的主要工具。有角钢扒杆、钢管扒杆、铝合金扒杆等。其形状有单杆扒杆和人字扒杆。

（12）地锚：包括板桩、钢地钻、角铁桩等。在整组立杆时作为制动及牵引等处使用。

（13）经纬仪、红外线测距仪、望远镜。用于施工中测量，其使用和结构可参看实物。也可在测量课程中了解。

（14）水平尺、皮尺等度量工具。

（15）常用钢丝钳、扳手等。

（16）安全用具，如安全帽、防护手套、指挥旗等。

（17）放线架：它是用来搁置线盘的，可分立盘和卧盘。一般均用立盘，但当导线盘又重又大时，一般用卧盘放线架。

（18）放线滑车：又称放线葫芦，可分为铁质和铝质。铁质用于放避雷线，铝质用放导线。放线滑车有单轮、双轮和四轮三种。

（19）放线用钢丝绳：即以线放线引绳。放线用钢丝绳一般用直径为 6mm 钢丝绳。当钢丝不够长时，中间可用"活孙头"接头直连。

第二节　紧急救护法

在架空电力线路外线操作过程中，一定要注意人身安全。如遇一些常见的触电情况，应能采取紧急救护法进行及时抢救。具体紧急救护的方法和处理过程有以下方面。

（一）伤员脱离电源后的处理

（1）触电伤员如神志清醒，应使其就地躺平，暂时不要站立或走动，并严密观察。

（2）触电伤员如神志不清，应使其就地仰面躺平，且确保气道通畅，并5s时间，呼叫伤员或轻拍其肩部，以判定伤员是否意识丧失。禁止摇动伤员头部呼叫伤员。

（3）需要抢救的伤员，应立即就地坚持正确抢救，并设法联系医疗部门接替救治。

（二）呼吸、心跳情况的判定

触电伤员如意识丧失，应在10s内，用看、听、试的方法，判定伤员呼吸心跳情况。

（1）看——看伤员的胸部、腹部有无起伏动作。

（2）听——用耳贴近伤员的口鼻处，听有无呼气声音。

（3）试——测试口鼻有无呼气的气流，再用两手指轻试一侧（左或右）喉结旁凹陷处的颈动脉有无搏动。若看、听、试结果为既无呼吸又无颈动脉搏动，可判定呼吸、心跳停止。

（三）心肺复苏法

触电伤员呼吸和心跳均停止时，应立即按心肺复苏法支持生命的三项基本措施，正确进行就地抢救。

1. 通畅气道

（1）触电伤员呼吸停止，重要的是始终确保气道通畅。如发现伤员口内有异物，可将其身体及头部同时侧转，迅速用一个手指或用两手指交叉从口角处插入，取出异物，操作中要注意防止将异物推到咽喉深部。

（2）通畅气道可采用仰头抬颌法。用一只手放在触电者前额，另一只手的手指将其下颌骨向上抬起，两手协同将头部推向后仰，舌根随之抬起，气道即可通畅。严禁用枕头或其他物品垫在伤员头下，头部抬高前倾，会更加重气道阻塞，且使胸外按压时流向胸部的血流减少，甚至消失。

2. 口对口（鼻）人工呼吸

（1）在保持伤员气道通畅的同时，救护人员用放在伤员额上的手的手指捏住伤员鼻翼，救护人员深吸气后，与伤员口对口紧合，在不漏气的情况下，先连续大口吹气两次，每次1～1.5s。如两次吹气的试测颈动脉仍无搏动，可判断心跳已经停止。要立即同时进行胸外按压。

（2）除开始时大口吹气两次外，正常口对口（鼻）呼吸的吹气量不需过大，以免引起胃膨胀。吹气和放松时要注意伤员胸部应有起伏的呼吸动作。吹气时如有较大阻力，可能是头部后仰不够，应及时纠正。

（3）触电伤员如牙关紧闭，可口对鼻人工呼吸。口对鼻人工呼吸时，要将伤员嘴唇紧闭，以防止漏气。

3. 胸外按压

（1）正确的按压位置是保证胸外按压效果的重要前提。确定正确按压位置的步骤如下：

1）右手的食指和中指沿触电伤员的右侧肋弓下缘向上，找到肋骨和胸骨接合处的中点。

2）两手指并齐，中指放在切迹中点（剑突底部，俗称心窝扩），食指平放在胸骨下部。

3）另一只手的掌根紧挨食指上缘，置于胸骨上，即为正确按压位置。

（2）正确的按压姿势是达到胸外按压效果的基本保证。正确的按压姿势如下：

1）使触电伤员仰面躺在平硬的地方，救护人员立或跪在伤员一侧肩旁。救护人员的两肩位于伤员胸骨正上方，两臂伸直，肘关节固定不屈，两手掌根相叠，手指翘起，不接触伤员胸壁。

2）以髋关节为支点，利用上身的重力，垂直将正常成人胸骨压陷 3～5cm（儿童和瘦弱者酌减）。

3）压至要求程度后，立即全部放松，但放松时救护人员的掌根不得离开胸壁。按压必须有效，有效的标志是按压过程中可以感到颈动脉在搏动。

（3）操作频率为：

1）胸外按压要以均匀速度进行。每分钟 80 次左右，每次按压和放松的时间相等。

2）胸外按压与口对口（鼻）人工呼吸同时进行，其节奏为：

单人抢救时，每按压 15 次后吹气 2 次（15∶2），反复进行；双人抢救时，每按压 5 次后由另一人吹气 1 次（5∶1），反复进行。

（四）抢救过程中的再判定

（1）按压吹气 1min 后（相当于单人抢救时做了 4 个 15∶2 压吹循环），应用看、听、试方法在 5～7s 内完成对伤员呼吸和心跳是否恢复的再判定。

（2）若判定颈动脉已有搏动但无呼吸，则暂停胸外按压，而再进行 2 次口对口人工呼吸，接着每 4s 吹气一次（即每分钟 12 次）。如脉搏和呼吸均未恢复，则继续坚持心肺复苏法抢救。

（3）在抢救过程中，要每隔数分钟再判定一次，每次判定时间不得超过 5～7s。在医务人员未接替抢救前，现场抢救人员不得放弃现场抢救。

（五）抢救过程中伤员的移动与转院

（1）心肺复苏应在现场就地坚持进行，不要图方便而随便移动伤员，如确需移动时，抢救中断时间不应超过 30s。

（2）移动伤员或将伤员送医院时，除应使伤员平躺在担架上外，还应在其背部垫以平硬阔地板，移动或送医院过程中应继续抢救，心跳呼吸停止者要继续心肺复苏法抢救，在医务人员未接替救治前不能终止。

（3）应创造条件，用塑料袋装入碎冰块做成帽状包绕在伤员头部，露出眼睛，使脑部温度降低，争取心肺脑完全复苏。

（六）伤员好转后的处理

如伤员的心跳和呼吸经抢救后均已恢复，可暂停心肺复苏法操作。但心跳呼吸恢复的早期有可能再次骤停，应严密监护，不能麻痹大意，要随时准备再次抢救。

初期恢复后，如伤员神志不清或精神恍惚、躁动，应设法使伤员安静。

参 考 文 献

［1］ 徐少强，胡国新．输配电线路施工技术手册．北京：中国水利水电出版社，2005.
［2］ 刘江伟．外线实习．南京：河海大学出版社，1995.
［3］ 宋庆云，王林根．电力内外线施工．北京：高等教育出版社，1999.
［4］ 窦书星．输电线路测量操作指导．北京：中国水利水电出版社，2008.